機械工学入門シリーズ　第3巻…

流体の力学

蔦原道久
杉山司郎
山本正明
木田輝彦
著

朝倉書店

機械工学入門シリーズ編者

中川紀壽（なかがわ のりとし）	広島大学大学院工学研究科教授

第3巻　執筆者

蔦原道久	神戸大学大学院自然科学研究科教授
杉山司郎	大阪工業大学工学部助教授
山本正明	大阪工業大学工学部助教授
木田輝彦	大阪府立大学名誉教授

まえがき

本書は，機械工学の学生を対象とした「流体力学」の入門書である．流体力学は，機械工学においてもっとも重要な分野の１つであることは論を待たない．しかしながら，学生にとっては本質的なところを理解するのに，かなり努力を要する学問であることも確かである．

現在，内外を問わず流体力学に関連する教科書の数は多く，名著も少なくない．ただ「流体力学」という名を冠する書物にも，大きくわけて２つの体系があることは，専門家であればそれらの書物を一見して直ちにわかる．工学的なアプローチから多くの経験則を用いて組み立てられてきた，いわゆる「水力学」の体系と，物理，応用数学などの対象として扱われてきた「流体力学」の体系であり，両者はいまだ統合されているとはいえない．両者においては用語さえも違っている場合がある．学生が苦労するのは，おおむね「流体力学」の概念で，かなり抽象的，数学的なものが多く，イメージがつかめないのである．

本書は，前半で流体力学の概念をかなり詳しく説明し，後半に管路流れに代表される水力学的な取り扱いを説明した．難しいとはいえ今や流体力学を知らずに機械工学を語ることはできない．最近では数値シミュレーションが盛んになり，流体機械の設計にも取り入れられるようになった．この数値シミュレーションの基礎は流体力学であり，流体力学の概念の把握は必須である．しかしながら機械技術者には，どのような条件でだいたいどのような流れになるかという，おおざっぱな流れの把握もまた必要であり，こういった感覚はむしろ水力学的な思考に習熟することにより得られるものである．

多くの大学，高専の機械工学科では，まず「水力学」的体系から入り，その後「流体力学」の講義をする場合が多いが，本書ではある程度の「流体力学」

の概念を知った上で「水力学」的アプローチを学習し，流体力学的に考察することにより，より深い理解が可能かと考えて，まず「流体力学」から入ることとした．もちろん，第5章から読み始めることも十分可能である．ただし，紙幅の制限から，圧縮性流れについては一切ふれていない．最近のテキストでは，粘性を含めた一般的な流体の基礎方程式を述べ，その特別な近似として非粘性，完全流体の議論をすることが多い．本書では従来の記述に従い，流体は非粘性であると仮定して，基礎的な概念を導き，完全流体の体系を述べた後，粘性流体を記述している．初学者には，この方が理解しやすいことは確かである．

執筆の上で工夫したことは，話題をできるだけしぼって，読者が基礎の考え方を理解しやすいようにした点である．また，ある程度章ごとに完結している点であり，説明の重複が若干みられるが，章ごとにまとまった説明がなされており，理解しやすいものと考えている．できるだけ他の書物を参照する必要がないように，付録に基礎的な項目をまとめるとともに，各章でも説明は懇切丁寧に行うようこころがけた．

執筆は第2章，第4章1〜7節，第6章3節は山本が，第3章，第4章11節，第5章1〜3節は木田が，第5章4〜7節は杉山が，第1章，第4章8〜10節，第6章1，2，4節，コーヒーブレイクと全体のまとめを蔦原が担当した．大阪市立大学の東恒雄教授には，最初の打ち合わせの段階からすべての会合にご参加いただき，本書の内容の取捨選択に大きく関与され，筆者同様の貢献があることを記しておきたい．

本書を上梓するに当たり，多くの方々にお世話になった．まず本書出版の機会を与えていただいた広島大学中川紀壽教授に感謝申し上げる．また，神戸大学井上章子さん，筆者らが属する大学の学生諸君には，Tex の知識を駆使して原稿の仕上げに多大の貢献をいただいた．ここに感謝の意を表する次第である．本書を書くにあたって参考にさせていただいた文献の著者各位，ならびに出版に際し一方ならぬお世話をいただいた朝倉書店編集部の方々に，この場を借りてお礼申し上げる．

2001年8月

筆 者 一 同

目　　次

1. 流体力学と私たち

1.1 はじめに

諸君はこれから流体力学を学ぶわけであるが，いったい流体とは何かと聞かれたらなんと答えるだろうか．聞いたことがないという人もいるかもしれない．一応高校の物理でも少しやったことがあると答える人があるだろう．少し知っている人なら，水の流れを調べる学問と答えるかもしれない．たぶん空気も調べるのだろう．そう，水も空気も流体である．そう考えると，われわれの身のまわりは流体で，文字通り，満ち満ちているではないか．われわれのまわりは，特別なことがない限りまず空気で満たされている．また日本のたいていのところなら車で少し走れば海が見える．海はなくても川や湖はあるだろう．海や川や湖は水の塊だ．海や川や湖に行かなくても，このごろたいていのところは水道が通っていて，蛇口をひねれば水がでる．またコックをひねれば都市ガスかプロパンガスが出てくるだろう．水道の水や，ガスの流れは，れっきとした流体の流れである．

流体の定義はと聞かれると，どう答えればよいだろうか．流体の一部分にわずかでも力がはたらくと，その部分は力を支えることができなくて流体は動き出す．木材のような固体は，その一部分に力がはたらいても動かない．水の中を指でかき回すことができるが，机に指をつっこんでぐるぐるとかき回すことはできない．これが流体というものの性質で，液体，気体がその性質をもっているから，これらは流体である．

太古の人間はすでに，人力や家畜の力だけでなく，自然のもつエネルギーを有効に使う術を知っていた．風車は風のもつ運動エネルギーを機械的なエネルギーに変え，ポンプを動かしたり，穀物をついたり様々な仕事をする．水車は水の位置のエネルギー（落差）を使ってやはりいろいろと仕事をする．こういった流体のエネルギーをわれわれの役に立つように利用する機械は，広く流体機械といい機械の中でももっとも歴史の古いものの中に入る．

このように流体はいたるところに満ちており，また現実のわれわれの生活に非常に密着したものなのである．だからこの流体を研究する流体力学という学問は，機械工学だけではなく，土木工学，航空宇宙工学，化学工学，環境工学などの工学分野だけでなく，自然科学一般，たとえば物理学，気象学，海洋学，地球・惑星科学，宇宙物理学などから，生体物理や応用数学にいたる各分野で研究され，まさに流体力学そのものが科学の各分野をつなぐ共通の言語としての役割を果たしている．しかし，その役割の大きさ，また生活への関わりの大きい割に，一般にその体系があまり理解されていない学問分野の代表でもあるのはなぜだろうか？　答えは簡単，難しいのである．

読者諸君は機械工学の学生としてこれから流体力学を学ぶわけだが，これまで高校で習ってきたいわゆる質点の力学とは大いに違っていることを，最初に認識しなくてはいけない．質点の力学は現時点における質点の速度と，この質点にはたらく力がわかれば解けるということを述べている．つまりこの質点の運動を調べるのに，まわりがどうなっているかを考えないわけである．一方流体はどうかというと，いま流体の塊を考えてみよう．この流体はまわりのやはり流体から，あとで詳しく述べるが，圧力や粘性によるずれに対する抵抗力の形で力を受けている．またこの流体の塊自体，まわりの流体に力を及ぼしている．つまり流体の各部分は互いに影響しあっている．このことは流体の運動を考える場合，一部分だけでなく，まわりの流体も一緒に考えなければならないことを意味している．この考え方は，流体を連続した媒質と考える流体力学の基本的な考え方であり，また流体力学を難しくしているところでもあるのだ．本書では，最初に流体力学の考え方を簡単に紹介する．

1.2 連続体近似

本書において，流体は**連続体**として取り扱われている．連続体とは文字通り切れ間なくつながったものである．しかしすぐに気がつくように，気体も液体も分子でできており，分子と分子との間には何もない．つまり実在の流体はどれも不連続である．分子の運動を調べて流れを解析することも原理的には可能であるが，分子の数は膨大であり現実的には無理である．そこで流体を連続的な媒体としてとらえ，数学的に取り扱いやすいモデルを考える．これが連続体の概念である．

流れの中に任意の点をとり，その点のまわりに小さな体積の領域を考える．その領域の中には十分な数の分子が存在するものとする．連続体としての流体で扱う量は，この領域中の分子のもつ物理量を平均したものとして定義する．たとえば密度は，考える流体が1種類の分子からなるとして，この領域内の分子の数を N，1個の分子の質量を m として

$$\rho = \frac{Nm}{V}$$

と定義する．ここで V は考える領域の体積であり非常に小さいものとしているが，どの程度の大きさかは，われわれが流れをどの程度解像したいかによって異なってくる．この流体内の微小な体積を流体粒子と呼ぶが，1つの粒子ではなく，非常にたくさんの分子を含む数学的な概念である．

このようにして定義された密度を，最初考えた点における密度と考えるのである．このように考えると，流れの中に連続的に点を取っていくことによって，密度も連続的な空間の関数として定義されることになる．同様にして巨視的な流体の速度や，温度なども定義できる．

この平均をとることについて注意が必要である．一般には分子レベルの大きさで流体の運動を扱うことはないので，流体粒子を定義する体積は分子間距離に比べるとずっと大きい．液体は分子が比較的密に詰まっており，普通考える状況では，まず上の連続体としての仮定は成り立っていると考えてよい．

一方気体は，分子が比較的自由に飛び回っており，同じ質量の気体であっても，

圧力を下げるといくらでも体積を増やすことができる．つまり先に考えた体積内の分子の数は大きく変化する．ちなみに1気圧 (101.3 kPa)，15 °C (288 K) での気体は 1 mm^3 中に 2.5×10^{16} 個の膨大な数の分子が存在する．また上空 200 km（世界最初の人工衛星スプートニクが飛んだ楕円軌道の近地点高度は 214 km であった）ではその数は 7.2×10^6 個となるが，やはり膨大な数である．ここでの圧力は 8.5×10^{-8} kPa であって地上の 10^{-9} 倍，10億分の1であり普通の意味ではかなり高真空であるが，分子の数は相変わらず膨大である．したがって，これまでに述べた巨視的な量は十分定義できると考えられる．

しかしこの巨視的な量だけで流れが表されるかというと，ここに難しい問題がある．あとで紹介する，連続体としての流体を支配する運動方程式である**ナビエ・ストークス (Navier-Stokes) 方程式**は，この流体粒子内で分子が十分に衝突（といっても固体粒子のように直接衝突をするのではなく，分子が互いの力で相互作用をすることを衝突といっている）を繰り返し，ほぼ平衡な状態（分子の運動が全体として釣り合っており，巨視的にみて変化しない状態）に達しているということが必要なのである．

ここで分子運動に関するもう1つの長さの尺度が必要となる．それが分子の平均自由行程と呼ばれるもので，1つの分子が1回の衝突から次の衝突までに進む平均の距離であり，分子間距離に比べてずっと大きい値である．今まで考えていた平均化を行う領域が，この平均自由行程程度の大きさであるとすると，中の分子は十分に衝突が行われず，この程度の大きさで変化する流れを考える場合に，ナビエ・ストークス方程式を使うことは不適当であるということになる．分子の平均自由行程を l，考える対象の代表長さを L としたとき，それらの比

$$Kn = \frac{l}{L}$$

を**クヌッセン (Knudsen) 数**と呼ぶ．気体の運動方程式としてナビエ・ストークス方程式を用いることができるのは，$Kn \ll 1$ の場合に限られることに注意をする必要がある．高度 200 km の大気では，平均自由行程は 100 m ほどもあって，1 m の物体まわりの流れを考える場合のクヌッセン数は 10^2 となり，とてもナビエ・ストークス方程式によって記述される流れではない．

考えている対象が微細なものである場合にも，L が小さくなるのでナビエ・ストークス方程式は適用できない．ハードディスクのディスクとヘッドの間の流れなどがそうである．

巨視的な平均量が定義され，しかしながらナビエ・ストークス方程式が使えない流れはどのようにして調べられるかというと，分子の衝突（二体衝突：分子は同時に3個以上衝突しない）を考慮した**ボルツマン (Boltzmann) 方程式**という方程式で解析するのである（本書では扱わない）．この方程式は考えている領域でほとんど衝突が起こらないような，非常に希薄な気体までを扱うことができる．ただ，超高真空装置や宇宙空間などで圧力が 10^{-14} kPa などに達すると 1 mm^3 中に分子が数個程度しか存在しなくなる．このような流れでは，密度や圧力自体意味をもたなくなり，人間スケールの物体まわりの流れというのは，流体力学の扱う問題ではない．

1.3 圧縮性流体と非圧縮性流体

一般に機械工学で扱う流体は，空気と水が多い．よく知られているように空気は気体であり，水は液体である．両者は一見して違いがわかるのであるが，流体力学では空気や水といった対象そのものを問題にしない．ただ力学的な性質のみを考慮する．その際**圧縮性**という性質が重要となる．一般に液体はそうであるが，水をシリンダに入れて，ピストンを大きな力で押しても体積はほとんど変化しない．つまり密度はほとんど変化せず，温度が一定の場合，密度はほぼ一定であると考えられる．こういった流体の性質は**非圧縮性**であるという．一方空気は，ピストンに力を加えると体積を変える．つまり密度の変化が大きい．こういった流体の性質を**圧縮性**という．

しかしここで注意するのは，非圧縮性，圧縮性というのは水や空気の固有の属性ではなく，運動の際に取り扱っている流体の密度が変化するか否かが重要な判定基準であることである．つまり空気を扱っていても，考えている運動中，密度がほとんど一定値を保つ場合には，空気も非圧縮性の流体と見なされる．考えている領域で気流の速度がそこでの音速に比べてずっと小さい場合には，密度の変化は小さいので，空気は**非圧縮性流体**として取り扱われる．

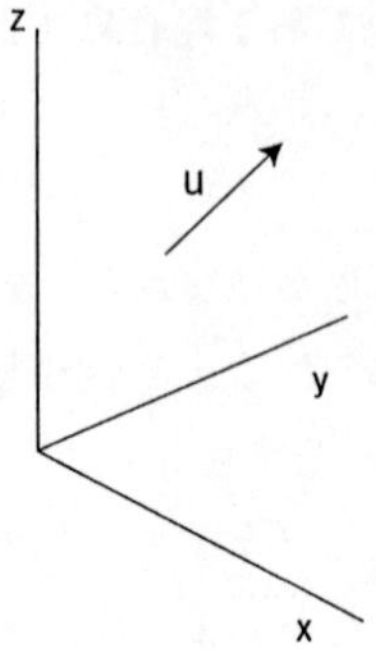

図 1.1 ベクトルと座標

一方水の場合でも，水の中を伝わる音波（圧縮波）を考える場合などは，**圧縮性流体**として扱う必要がある．

1.4 流れの記述法

風の動きを考えてみよう．ある瞬間にはこちらの点でも，あちらの点でも風は，速度をもっている．速度とは，方向と大きさをもっているベクトルである．いま考える点を表すのに，よく数学で使う座標を導入する．座標の原点をどこか好きなところにとって，適当に座標をとる．たとえば 2 次元なら，原点を自分のいるところにとり，東西南北という座標でもよい．3 次元ならばこれに上下の座標をとることになる．

しかしこれだと，あまり一般性がない．また西は東の反対だから，原点から東にマイナス方向に進むと考えれば省略できる．南も，下方向も同様だ．そうすると 3 次元では，3 つの北，東，上という 3 つの方向を決めれば十分だということが分かる．しかしこれでも具体的な方向を表しており，もっと一般的にするために，3 つの方向を x, y, z と書いてしまう．こうすると，問題ごとに座標をもっとも都合のよいように選ぶことができる．たとえば風の場合に，風が北東方向に吹いていても，その方向を x 座標に選べばよい．風はずっと一方向に吹いているわけではないから，x 方向以外にも速度の成分をもつことになる．ここで 3 次元のベクトル（**速度ベクトル**）$\boldsymbol{u}$ を考えてみよう．図 1.1 に示すように，一般にはベクトルの方向と座標の方向とは一致しない．この場合，ベクトル $\boldsymbol{u}$ の x, y, z 方向の成分 u, v, w は 0 ではない値をもつ．成分 u, v, w は大きさだけをもつ量（**スカラー**という）であるが，この 3 つの成分は，1 つのベクトルの成分であるから，それぞれ勝手な値をとるわけではない．

先に述べた速度ベクトルは，流れのあるところすべての点で定義することができる．つまりある任意の点を考えると，この点で速度ベクトル $\boldsymbol{u}$ が決まっている．この点を (x, y, z) と表すと，速度ベクトル $\boldsymbol{u}$ は x, y, z を決めると決まることになる．一般には，x, y, z を変えると $\boldsymbol{u}$ は違った値となるだろう．このことは $\boldsymbol{u}$ が x, y, z の関数になっていることを意味する．もっと一般的には，流れが非定常の場合を含めると，速度ベクトル $\boldsymbol{u}$ は x, y, z と時間 t の関数であり，$\boldsymbol{u}(x, y, z, t)$ と書く．

こういった $\boldsymbol{u}$ を**場** (field) という．速度 $\boldsymbol{u}$ はベクトルであるので，速度場は**ベクトル場**であるという．密度などは，大きさだけで方向をもたないから，スカラーであるが，密度も空間と時間の関数として表され**スカラー場**を形づくる．

流体力学はこのような場を扱う．場を考えることにより空間に関する偏微分 $\frac{\partial}{\partial x}, \frac{\partial}{\partial y}, \frac{\partial}{\partial z}$ および $\frac{\partial}{\partial t}$ が定義できる．もちろんこういった微分が定義できるということは，場の変数つまり速度や密度は，十分なめらかに変化するということが前提である．また偏微分の意味も物理的によく理解できるであろう．たとえば $\frac{\partial u}{\partial x}$ は，ある瞬間（時間一定）における，u（速度の x 成分）の x 方向微分，つまり x の増加する方向の u の変化率である．同様に $\frac{\partial u}{\partial t}$ はある点（x, y, z 一定）における，u の時間変化の割合である．

こういった記述の方法は，ある場所および時間における流速，あるいは密度などの流れに関する量に注目した記述となっており，**オイラー (Euler) の方法**という．それに対し，ある流体粒子の動きを追求する記述法があり**ラグランジュ (Lagrange) の方法**といわれるが，オイラー法ほど一般的ではない．これについては第 2 章で詳しく述べる．

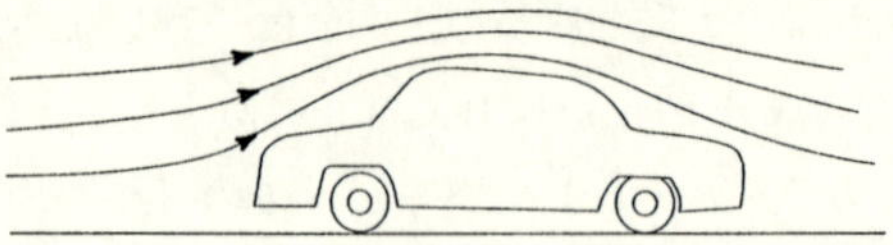

図 1.2　自動車まわりの流れ

1.5　定常な流れと非定常な流れ

自然界に吹く風は，強さや方向が一定でなく時々刻々変化する．一方扇風機による風はほぼ一定の方向に一定の速度で吹いている．自然界の風のように，方向や速度が時間とともに変わる流れを**非定常な流れ**といい，扇風機からの風のように，時間的に変化しない流れを**定常な流れ**という．

1.6　流れを記述する変数

流れを完全に記述するには，あらゆる時間およびすべての点における流速 $\boldsymbol{u}$ を知らなければならない．流体が非圧縮性であると考えられる場合には，密度は一定値をとるので，これはわかっているものとする．しかし圧力はあとで詳しく述べるように，流速を求める際に必要となり，これも求めなくてはならない．非圧縮性流体に対してはこの流速と圧力が求まれば十分である．つまりこれだけの変数がある時間でわかっていれば，方程式を次々に解いて原理的にはすべての時間すべての場所で，これらの変数を求めることができ，必要な流れの情報はこれらの変数から計算できる．方程式を解く際に，境界での値などが必要になるが，これについては第 3 章および第 4 章で詳しく述べる．

流体が圧縮性である場合には，密度も変化する．このときには流体の内部エネルギーを考える必要があり，圧力と密度とあと 1 つ熱力学における状態量たとえば温度を解く必要がでてくる．圧縮性の流れについては，本書では取り扱わない．

これらの変数が従属変数で，先に説明したオイラー的記述法では時間, 空間の座標が独立変数である．先ほどの従属変数が空間の 3 つの変数すべてに依存するとき，つまりどちらの方向へ進んでも流れが変化する場合，流れは 3 次元流れであるといわれる．自動車まわりの流れ (図 1.2)，建物まわりの流れなど，一般の流れは **3 次元的**である．しかし断面がほとんど一定で非常に細長い物体まわりの流れでは，端付近をのぞいて流れは物体の長さ方向にはほとんど変化しない．そこで物体の断面を含む面を，たとえば x, y 面とすると，物体の長さ方向は z 方向となり，このときにはこの面内の速度は u と v のみで $w=0$ と考えられ，流れは独立変数として x と y のみで記述でき，この面でのパターンが z 方向に変化せずに続いていると考える．このような流れは **2 次元的**であるといわれるが，実際の流れは考えている面での流れのパターンが，その面と垂直の方向にも存在していることを忘れてはならない．

もう 1 つ **1 次元の流れ**という表現がある．これは管路内の流れなどで使われる近似で，管の断面内で流れが一様であると考える．あるいは管断面で平均を取った値を考える．そして速度も管の軸方向にしか成分をもたないとする近似である．そうすると流れの変数はすべて，軸方向にとった一般には曲線の座標，たとえば s のみの関数となる．これはかなり大胆な近似であるが，大まかな流れの見積もりには有効である．

1.7 流線と流管

流線型という言葉は，高速で走る車や，航空機などに対してよく用いられており，抵抗の少ない物体の形状という意味である．ここで述べる**流線**というのは，もっと広い意味であり，流れの方向つまり流速ベクトルをつなぎ合わせてできる曲線のことである．また，流れの中に輪のような閉曲線を引き，その線を通るすべての流線を考えると，これらの流線は 1 つの管を形づくる．これは**流管**と呼ばれるが流れが定常の場合，流管の管壁を通して流体の出入りはないので，流管は実際の管路と同じように考えてよい．ただし，あとで説明する粘性がないとしての話である．

1.8 流跡線と流脈線

流れの状態を知るのに，流れを観測するということが必要になる場合が多い．しかし流体というのは，空気や水のように透明なものが多く，そのままでは見ることができない．そこで，トレーサとよばれるもので，流れに追随して，かつ目に見える，あるいは写真に撮れるものを流れの中に入れることになる．このトレーサの動きから流れを知るわけである．これを流れの可視化といっている．

実はこのトレーサの選び方により，トレーサの動きには 2 つのパターンがあるのである．1 つは，たとえば空中に風船を飛ばすとして，その風船の移動した軌跡を調べる方法である．風船は空気と同じ重さになるように，おもりで調節しておく．ビデオで撮影したあと適当に画面に書き込めばよい．これは**流跡線**とよばれるものである．もう 1 つは線香から上る煙とか，煙突からでる煙，あるいは流れる水に注射針から染料を流す場合で，これらトレーサはまわりの流体とともに流れている場合，**流脈線**という曲線が形づくられる．

先ほど述べた流線と，ここでの流跡線および流脈線とは，流れが時間的に変化しないとき，すなわち流れが定常の場合にはすべて一致する．図 1.2 にあるような自動車まわりの流線の写真が流体力学の本に載っているが，これは煙の流脈線であるが，流れが定常なので流線と解釈してよい．

しかし流れが非定常になると，これらは一般にはまったく違ったパターンとなる．これを以下の思考実験で確かめよう．いま，煙突があり先端から煙が出始めると同時に，風船を飛ばす．このとき風は全体に水平に吹いているとする．

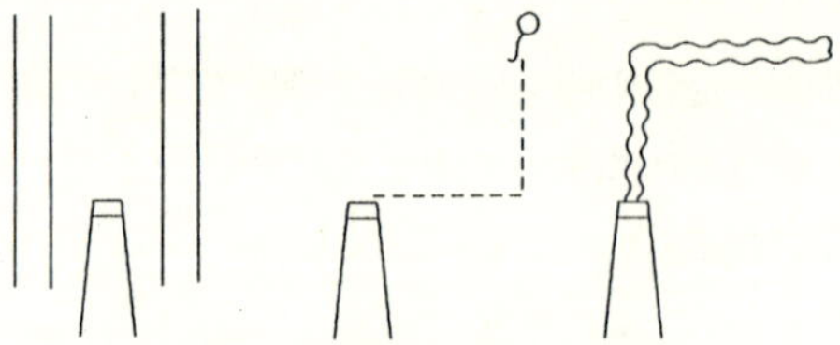

図 1.3　非定常な流れ

すこしたってから風が急に上向きに変わったとする．そのあとしばらく，上向きに吹いていたとして，この時点での流線，流跡線（風船の軌跡），流脈線（煙のえがく曲線）を考える．これらはそれぞれ図 1.3 のようになる．3 者が全く異なった線になっていることに注意しよう．たとえば折れ曲がった煙のパターンから，流れが折れ曲がって流れていると解釈してはいけない．

2. 流れの基礎

2.1　圧力および体積力

2.1.1　流体にはたらく力

流体を運動させるには力が必要である．一般に流体にはたらく力は**体積力**と**表面力**とに分けられる．体積力は質量に比例する力であり，一方表面力は面積に比例する力であり，面をとおして力がはたらくものである．

2.1.2　体　積　力

氷を手から離すと下に落ちる．その氷を分割し，そのかけらを落としても下に落ちる．このように氷の各部分に重力がはたらく．そのような力は体積力と呼ばれる．この代表例が重力であり，他に遠心力のような慣性力，電磁力があげられる．このような力は質量に比例するが，流体の密度が一定と見なせば体積に比例する．

2.1.3　表　面　力

表面力の代表例として**圧力**があげられる．それを理解するために水でできた仮想の微小ボールを考える．そのボールの表面は水面から深さ y に置かれているとする．仮想の水のボールは変形することなく静止したままなので，ボールにはたらく力はつり合っている．また，ボールは回転やせん断変形しないのでボール表面で接線方向の力は存在しない．つまり，ボールには直角にはたらく力の成分だけでその大きさはどの方向でも同じである．さらに，ボール内部から外向きに力がはたらくとすれば，その内部に真空の空洞ができることになるので，結局その力の向きは外から内部にはたらいている．

水のボール表面にはたらく力の強さである圧力の大きさを考える．ボールはその大きさが無視できるくらいに小さいとして，その中心が水深 h にあるとする．このときどの表面にも**法線応力**として，水の重量と大気圧 p_0 によって単位面積あたり $\rho gh + p_0$ がボールの外から内向きにはたらく．

結局，流体が静止している場合，水中に仮想の面を考えると流体はその面に法線方向で外から内側に法線力をおよぼすことになる．この法線力を ΔF，その力がはたらいている面積を ΔS とすれば，圧力 p は

$$p = \lim_{\Delta S \to 0} \frac{\Delta F}{\Delta S} \tag{2.1}$$

として定義される．流体が運動する場合には，法線応力は向きによって異なる．この不便さをさけるために，微小要素にはたらく法線応力の平均を圧力と定義する．

2.2 浮　　　力

2.2.1 アルキメデスの原理

流体と接している物体はその表面をとおして流体から圧力を受ける．この圧力分布が対称でなければ，この圧力の合力として物体に力が生じる．通常，この力が鉛直上向きにはたらけば，**浮力**と呼ばれる．水より重い材料で作られた船が浮かんでいられるのもこの浮力のおかげである．簡単な例として，図 2.1 で示されるように水面から深さ d にある長い角柱（断面の幅 a，高さ h）の単位長さあたりの浮力を考える．水平な x 軸およびその鉛直上向きを正とする z 軸をとり，y 軸は紙面に垂直とする．そこで，y 方向に単位長さをとった角柱にはたらく浮力および浮力の作用点である浮心を求める．まず，棒の断面はその中心を通る鉛直軸について対称であり，水平方向の圧力分布は対称となる．よって水平方向の合力は 0 となる．

そこで鉛直方向の力の釣り合いのみを考える．水の密度 ρ を一定として，微小断面 $h \times \delta x$ にはたらく圧力を考える．その断面の上側の面要素 $\delta x \times 1$ に作

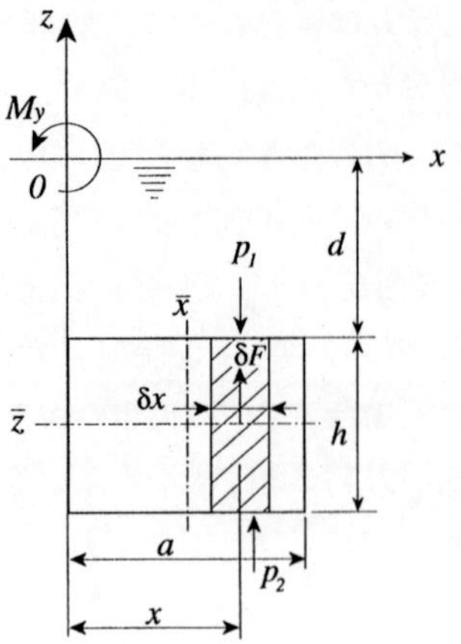

図 2.1　水中に置かれた角柱にはたらく浮力

用する圧力 p_1 は

$$p_1 = \rho g d \tag{2.2}$$

となる．一方，下側の面には，角柱の高さが h なので

$$p_2 = \rho g(d+h) \tag{2.3}$$

がはたらく．これらの力による合力が微小要素にはたらく浮力 δF である．よって，浮力は式 (2.2) と (2.3) から

$$\delta F = -p_1\delta x + p_2\delta x = \rho g h \delta x \tag{2.4}$$

となる．

角柱にはたらく浮力 F は，式 (2.4) から，

$$F = \rho g h \int_0^a dx = \rho g a h \tag{2.5}$$

となる．ここで，ah は角柱の体積，ρ は（角柱ではなく）水の密度である．したがって，浮力は角柱が排除した流体の重量に等しいことがわかる．また，浮力の向きは $F>0$ なので z 軸の正の向きつまり上向きになる．これは，かの有名なギリシャの哲人アルキメデス (Archimedes) が風呂で考え出して，そのあ

まりのうれしさに裸で飛び出したと伝えられる**アルキメデスの原理**と呼ばれるものである．

つぎに，図 2.1 で示される角柱の浮心を求めてみよう．点 O を通る y 軸まわりに微小要素 $\delta x \cdot 1$ の浮力によるモーメント δM_y は，式 (2.4) から

$$\delta M_y = \rho g h \delta x\, x \tag{2.6}$$

となる．ここで，モーメントの正の向きを反時計回りにとる．全モーメントは，式 (2.6) から，

$$M_y = \int_0^a \rho g h x dx = \frac{a}{2}\rho g a h = \frac{a}{2}F \tag{2.7}$$

となる．ここで，最後の等号は式 (2.5) から得られた．この式は，角柱の中心を通る鉛直軸 $\bar{x} = a/2$ に浮力 $F = \rho g a h$ と置いたことを意味する．つづいて，90 度回転させた角柱のケースを考える．上と同じようにモーメント M_y を計算すると，浮力は断面の中心を通る鉛直軸に置いたことに等しい．この鉛直軸は図 2.1 の水平軸 $\bar{z}$ にあたる．結局，浮力は $\bar{x}$ と $\bar{z}$ との交点である断面の中心に置かれたことに相当する．物体の密度が一定であれば，一般に浮心は水面下にある物体の重心に等しい．

2.2.2　浮力の例題—浮体の安定性

海上を航行する巨大なタンカーは，積み荷をおろして産油国に向かう際には海水をタンクに注入して重くする．これは船を転覆しにくくするために必要である．そこで，船の簡単なモデルとして箱形の浮体を取り上げ，その安定性について考える．このような問題は静的な平衡状態から解かれるが，ここでは微分方程式の意味を理解するために動的な問題として捉える．

いま，幅 a で長さが l の箱形の浮体が，深さ h だけ沈み，重心 G が浮心 C より z_h だけ上になっていると仮定する (図 2.2)．そこで浮体が安定である z_h の範囲を求める．まずこの浮体が微小角 θ だけ傾いているとする．重心 G について喫水（水面より）下の浮体部分の浮力による力のモーメント（トルクとも呼ばれる）を直接求めるのは困難である．そこで，図 2.2 の破線で囲まれた部分の浮力によるモーメントから斜線で示された三角形の部分の浮力によるモーメントを重ね

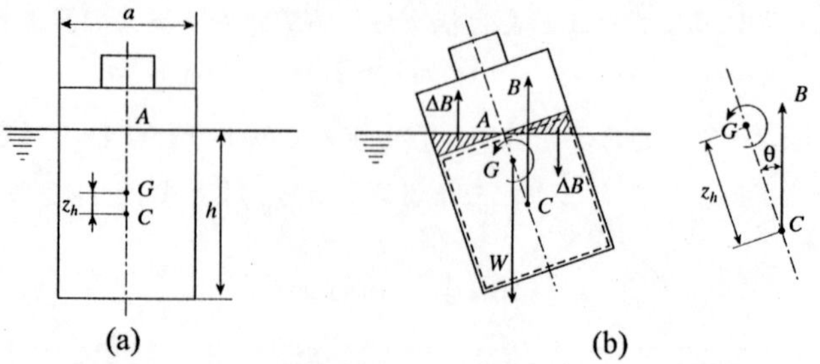

図 2.2 浮体の安定性問題 (a) 中立状態 (b) 傾いた状態

合わせる．前者の浮力によるモーメントは反時計回りに $\rho gah\cdot z_h\sin\theta$ である．後者の浮力のうち，左側の斜線部分は上向きの浮力 $\Delta B = 1/8\rho g a^2\tan\theta$，右側の部分は同じ大きさで下向きの浮力となる．斜線部分の浮心は点 A から $\pm a/3$ 離れたところにあるので，この 2 つの浮力は時計回りのモーメント $2\cdot a/3\cdot 1/8\rho g a^2\tan\theta$ を生じる．

したがって，重心 G のまわりについて角運動量の運動方程式は

$$I\frac{d^2\theta}{dt^2}+\mu\frac{d\theta}{dt}=\rho gahz_h\sin\theta-\frac{1}{12}\rho g a^3\tan\theta \qquad (2.8)$$

となる．ここで，I は浮体の慣性モーメント，μ は角速度に比例するような減衰効果，たとえば水の粘性などを表すものとする．

計算を簡単にするために，粘性による漸近的な平衡状態のみを求める過減衰近似を用いる．この仮定により，式 (2.8) は

$$\frac{d\theta}{dt}=\frac{\rho gah}{\mu\cos\theta}\left(z_h\cos\theta-\frac{a^2}{12h}\right)\sin\theta \qquad (2.9)$$

となる．

まず浮体の平衡状態を求めるため，式 (2.9) で $d\theta/dt=0$ とおく．明らかに平衡解の 1 つは $\sin\theta=0$ すなわち $\theta=0$ で直立した状態である．これ以外に $z_h\cos\theta-a^2/12h=0$ の傾いた状態に対応する解がある．傾いた状態は 2 つのグラフ $y_1 = z_h\cos\theta$ と $y_2=a^2/12h$ との交点として見いだせる (図 2.3)．z_h は $\cos\theta$ の振幅を表すので，$z_h > a^2/12h$ になると 2 つの傾いた状態 (θ_1 と θ_2) が出現する．z_h を大きくすれば，その交点は原点から離れていくので浮体

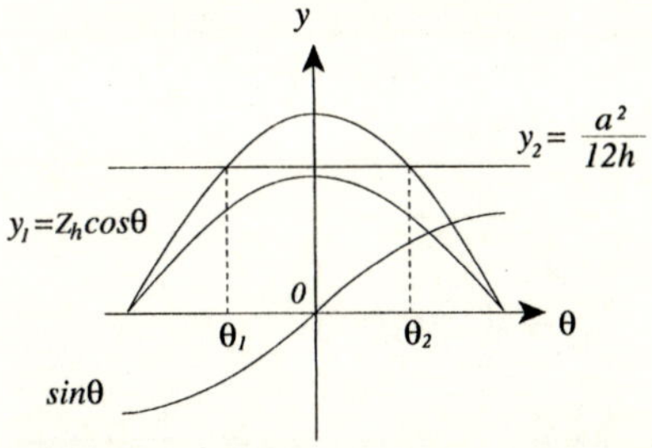

図 **2.3**　パラメータ z_h による解の変化

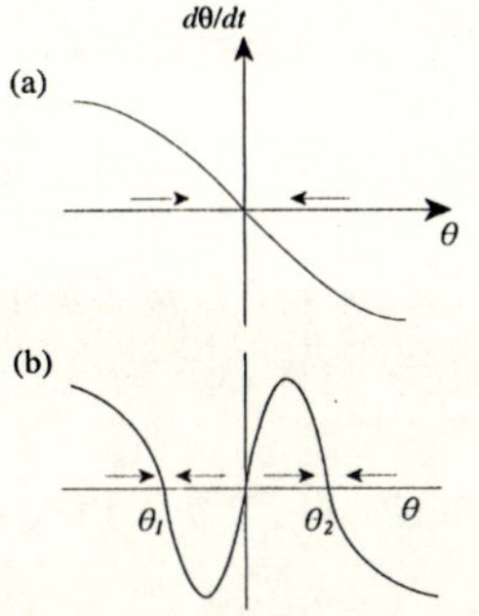

図 **2.4**　角度 θ の時間的変化．(a) $y \le a^2/12h$ および (b) $y > a^2/12h$ の場合

の傾きは大きくなる．図 2.4 は式 (2.9) の左辺 $d\theta/dt$ のグラフを示す．微係数 $d\theta/dt > 0$ ならば，時間とともに θ は大きくなる．そのことを右向きの矢印で θ 軸に示す．図 2.4a は $z_h < a^2/12h$ を表し，この場合 $\theta = 0$ は安定である．その理由は，たとえ浮体が傾いた ($\theta \neq 0$) としても，矢印で示されるように $\theta = 0$ にもどる．一方，$z_h > a^2/12h$ になると，$\theta = 0$ は不安定となり，2 つの傾いた状態のどちらかに落ちつくことになる (図 2.4b).

2.3　流　れ　場

流体の運動を数式で表現するには，前述したように 2 つの方法がある．この節では**完全流体**すなわち非粘性流体に限定して議論する．

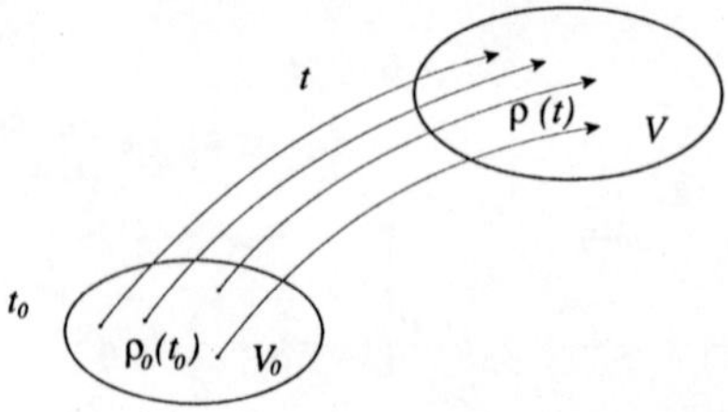

図 2.5　ラグランジュの立場による流体要素の時間的変化

2.3.1　ラグランジュの方法

最初に思いつくのが，多数の流体粒子から成る水の個々の流体粒子の動きを求めることである．平面における各流体粒子の動きは，

$$dx/dt = u\,, \quad dy/dt = v \tag{2.10}$$

として表される．これより，時刻 $t = 0$ の初期条件 (x_0, y_0) が与えられるならば，任意の時刻 t における位置 (x, y) がわかる．したがって，流体粒子の位置は，

$$x = x(x_0, y_0, t)\,, \quad y = y(x_0, y_0, t) \tag{2.11}$$

として表される．ここで注目することは，(x_0, y_0) は $t = 0$ で与えられた条件なので，t が変化しても (x_0, y_0) は変わらない：$dx_0/dt = 0$，$dy_0/dt = 0$.

簡単な例として，2 次元流れにおける流体要素の質量の変化を考える (図 2.5). 時刻 $t = 0$ で流体粒子からなる流体要素の体積 V_0 が，密度 ρ_0 をもつとする．時刻 t でそれらの流体粒子たちは流れによって移動し，その体積 V に変形し，密度も ρ になったとする．この流体要素の質量は変わらないので，$\rho V = \rho_0 V_0$ が成立する．

一般的にいって，**ラグランジュ(Lagrange) の方法**を流体の運動に適用することは，特殊な場合をのぞいてあまり行われていない．

2.3.2　オイラーの方法

流体の個々の流体粒子の運動を追跡する代わりに，流体に関連する物理量，たとえば密度，圧力および速度などを空間と時間の関数として取り扱う．このように物理量が定義された空間は場と呼ばれる．この場における圧力や速度分

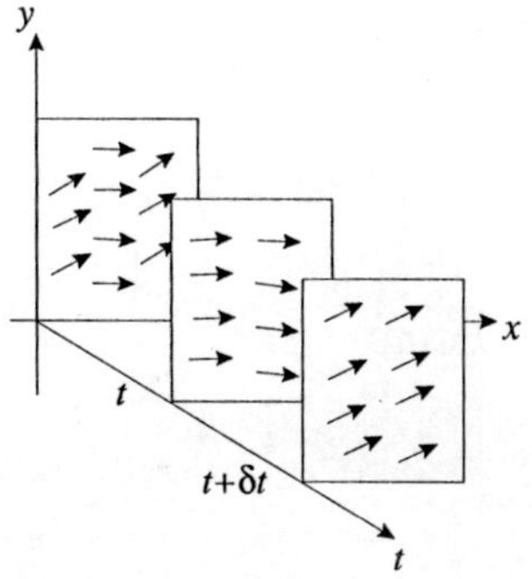

図 **2.6**　流れ (速度ベクトル) 場の概念

布が各時刻ごとにどのように変化したかを知れば，流体の運動は理解されることになる．速度ベクトルで定義される流れ場を理解するために，速度ベクトルが撮影できるようなカメラを考える．たとえば，流体にマーカが含まれ露光時間を長くしてそれらが撮影できるようなカメラと考えればよい．図 2.6 はこのカメラで時間 δt ごとに写したベクトル写真を時間軸に並べた概念図である．図では理解しやすいように，x と y 軸からなる 2 次元流れとした．これらの速度ベクトル分布が時間とともにどのように推移するかを把握できれば，流体の運動は完全に解明される．

オイラー (Euler) の方法によると，密度，圧力あるいは速度ベクトルは任意の時刻 t について空間 $\boldsymbol{x}$ の各点で定義されている分布として取り扱われる．一方，運動している流体要素の位置を $\boldsymbol{x}$ と区別して $\boldsymbol{r}=(r_x, r_y)$ と書くと，$\boldsymbol{r}$ は時間 t の関数である．そこで，注目している流体要素の密度，圧力あるいは速度ベクトルは，

$$\rho=\rho(\boldsymbol{r}(t),t), \quad p=p(\boldsymbol{r}(t),t), \quad \boldsymbol{u}=\boldsymbol{u}(\boldsymbol{r}(t),t) \tag{2.12}$$

として表現される．

簡単な例として，図 2.7 で示される密度場 $\rho(\boldsymbol{x},t)$ の時間微分をとりあげる．この密度場すなわち密度分布は時間とともに変化しているものとする．いまここで，時刻 t で点 A を通過し，$t+\delta t$ で点 B に移動する流体要素を考える．時刻 t における流体要素の点 $\boldsymbol{r}_\mathrm{A}$ の密度は ρ_A，時刻 $t+\delta t$ における点 $\boldsymbol{r}_\mathrm{B}$ の密度

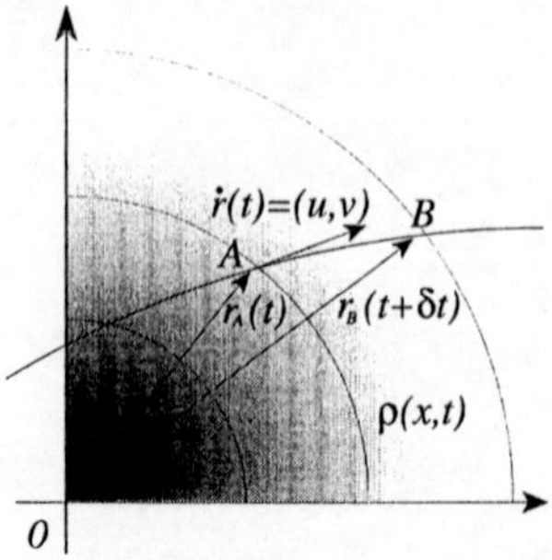

図 **2.7** オイラーの立場による密度の時間的変化

を ρ_{B} とする．流れに沿った密度の微分は

$$\frac{d\rho}{dt} = \lim_{\delta t \to 0} \frac{\rho_{\mathrm{B}}(r_x(t+\delta t), r_y(t+\delta t), t+\delta t) - \rho_{\mathrm{A}}(r_x(t), r_y(t), t)}{\delta t} \quad (2.13)$$

として定義される．ここで，流体要素の位置ベクトル $\boldsymbol{r}$ を $\boldsymbol{r}(t) = (r_x(t), r_y(t))$ とする．

式 (2.13) の右辺を $\delta t \ll 1$ の条件でテイラー展開をすれば，

$$\frac{\partial \rho}{\partial t} + \frac{\partial \rho}{\partial x}\frac{dr_x}{dt} + \frac{\partial \rho}{\partial y}\frac{dr_y}{dt} = \frac{\partial \rho}{\partial t} + u\frac{\partial \rho}{\partial x} + v\frac{\partial \rho}{\partial y} \quad (2.14)$$

となる．ここで，$(dr_x/dt, dr_y/dt)$ は単位時間あたりの流体要素の位置の変化，つまり速度 (u, v) を表す．また，$\partial\rho/\partial r_x$ でなく $\partial\rho/\partial x$ と表しているのは，x 方向の単位長さあたりの密度 ρ の変化であるこう配であることを示す．流体要素は単位時間あたり x 方向に u だけ移動する．よって密度の変化は，こう配 × 移動距離なので $\partial\rho/\partial x \cdot u$ となる．

非圧縮性流体は流体粒子の運動に沿って密度が一定であるので，その条件は式 (2.14) から

$$\frac{\partial \rho}{\partial t} + u\frac{\partial \rho}{\partial x} + v\frac{\partial \rho}{\partial y} = 0 \quad (2.15)$$

となる．

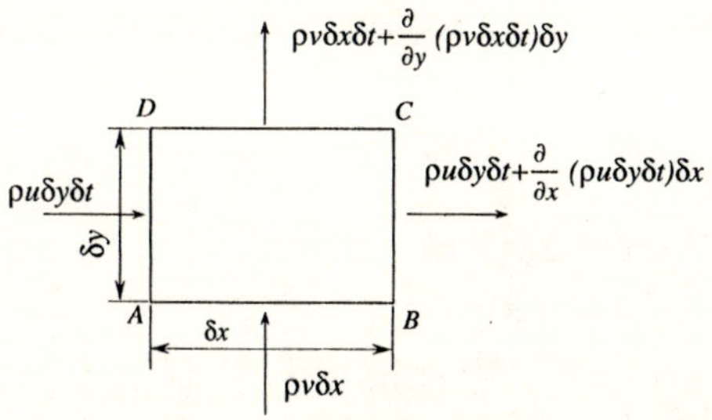

図 2.8 微小時間 δt について微小要素に流入・流出する質量流量

2.4 連続の方程式

流れの中に仮想の微小要素を考える．この要素の面を通して流体は流入流出するが，流入量が流出量より多ければその差はこの要素に蓄えられることになる．この考え方は「質量は何もしなければ減りも増えもしない」という**質量保存の法則**に基づく．このことを数式で表現したらどのようになるかを考える．

その話に進む前に，質量流量と体積流量の意味を区別する必要がある．それらは，ある断面を考え，その断面に垂直な速度を v および断面積を S として，

- 「**質量流量**」は，断面を単位時間あたり通過する質量：ρvS
- 「**体積流量**」は，断面を単位時間あたり通過する体積：vS

として定義される．

2次元流れの質量保存の法則を密度や速度ベクトル場が与えられているとしてオイラーの方法で求める．通常，この式は連続の方程式と呼ばれる．説明を簡単にするために，平面流れを考える．連続の式は流体力学の基礎方程式の1つであるので，圧縮性流体や非定常流れを含めた一般の流れについて求める．まず，流れの中に固定された微小要素 $\delta x\delta y$ をとる (図 2.8)．時間 δt で辺 AD に流入する質量流量は

$$\rho u\delta y\delta t \tag{2.16}$$

である．一方，辺 BC から流出する質量流量は

$$\rho u\delta y\delta t+\frac{\partial}{\partial x}(\rho u\delta y\delta t)\delta x \tag{2.17}$$

となる．同様に y 方向について，時間 δt で辺 AB に流入する質量流量は

$$\rho v \delta x \delta t \tag{2.18}$$

であり，辺 CD から流出する質量は

$$\rho v \delta x \delta t + \frac{\partial}{\partial y}(\rho v \delta x \delta t)\delta y \tag{2.19}$$

である．

流入する質量流量から流出するそれを差し引いた質量流量は，時間 δt 内で微小要素に蓄えられる．いま，時刻 t において体積 $\delta x \delta y$ に含まれる質量を

$$\rho \delta x \delta y \tag{2.20}$$

とする．それから時間 δt だけ経過すると，その質量は

$$\rho \delta x \delta y + \frac{\partial}{\partial t}(\rho \delta x \delta y)\delta t \tag{2.21}$$

となる．

時間 δt について，微小要素に流入・流出することによる質量流量の差と微小要素に蓄えられた質量の増加分がバランスしなければならない．つまり，

$$\text{式}\,(2.21) - \text{式}\,(2.20) = (\text{式}\,(2.16) + \text{式}\,(2.18)) - (\text{式}\,(2.17) + \text{式}\,(2.19)) \tag{2.22}$$

が成立する．左辺は時間 δt 内で要素に蓄えられた質量であり，右辺は流入する質量流量から流出するそれを差し引いた質量流量である．よって，流入量が流出量より多ければ右辺は正，つまり要素内に質量が蓄積される．

式 (2.22) に式 (2.16) から (2.21) を代入すると，

$$\left(\frac{\partial \rho}{\partial t} + \frac{\partial \rho u}{\partial x} + \frac{\partial \rho v}{\partial y}\right)\delta x \delta y \delta t = 0 \tag{2.23}$$

となる．ここで，微小要素の辺 $(\delta x, \delta y)$ は固定されたものとして考えているので，それらは (x, y, t) に無関係な量である．よって，微分演算子の前にだせる．式 (2.23) は任意の $\delta x \delta y \delta t$ について成り立つ必要があるので，結局

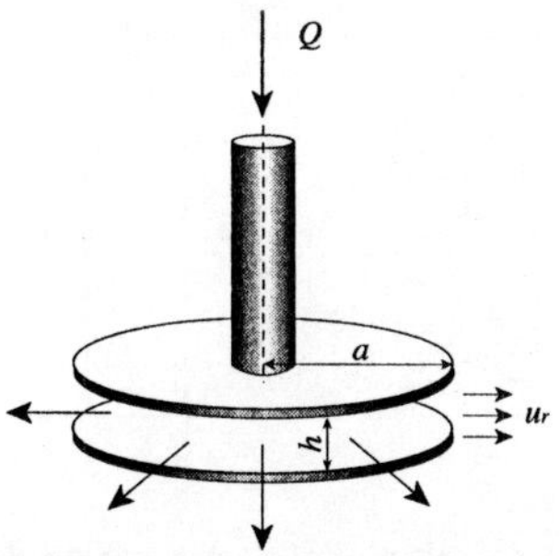

図 2.9 平行円盤間の流れ

$$\frac{\partial \rho}{\partial t} + u\frac{\partial \rho}{\partial x} + v\frac{\partial \rho}{\partial y} + \left(\frac{\partial u}{\partial x} + \frac{\partial v}{\partial x}\right)\rho = 0 \tag{2.24}$$

が成立する．

非圧縮流体の連続の式は，式 (2.15) から

$$\frac{\partial u}{\partial x} + \frac{\partial v}{\partial y} = 0 \tag{2.25}$$

となる．この式は時間に関する項が陽に表れていないが，非定常流れでも成立する．

2.4.1 放射状流れに対する連続の式

(1) 半径が a，隙間が h の平行円盤間に単位時間あたり流量 Q の非圧縮非粘性流体が円盤中心に導かれているとする．$r = a$ における半径方向の平均速度成分 $\bar{u}_{r=a}$ を求めてみよう (図 2.9)．円盤の外周から単位時間あたり噴き出る体積流量 $Q_{r=a}$ は，$Q_{r=a} = 2\pi ah\bar{u}_{r=a}$ である．この体積流量 $Q_{r=a}$ は円盤に導かれる体積流量 Q に等しい．したがって，平均速度 $\bar{u}_{r=a}$ は，

$$\bar{u}_{r=a} = \frac{Q}{2\pi ah}$$

となる．

(2) 図 2.10 で示されるようにパイプの中心軸から半径 r の微小円環に対する連続の式を求める．パイプの中心軸を流れ方向 z にとり，流れは z 方向に旋回しない，つまり周方向 θ の速度成分は存在しないとする．したがって，半径

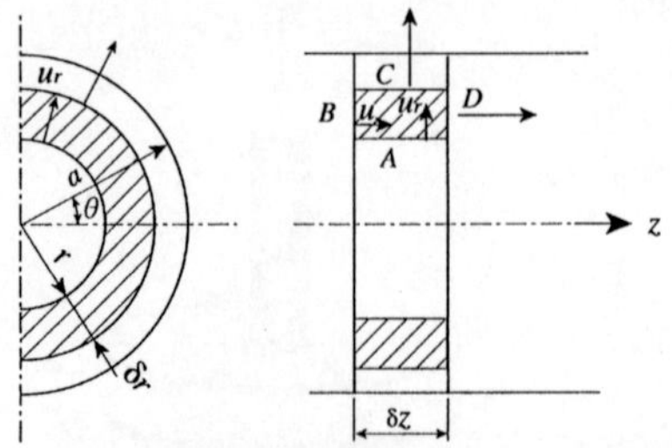

図 2.10 パイプの微小円環内に流入・流出する体積流量

方向に δr および流れ方向に δz の微小円環について連続の式を求める．流体は非圧縮流体で $\rho =$ 一定とする．半径 r における半径方向の速度成分を u_r とすれば，面 A を通して円環に流入する体積流量は

$$2\pi r\delta z u_r \tag{2.26}$$

となる．また，$r+\delta r$ で面 C から流出する体積流量は

$$2\pi r u_r\delta z + 2\pi\frac{\partial r u_r}{\partial r}\delta r\delta z \tag{2.27}$$

となる．同様に z における流れ方向の速度成分を u とすれば面 B を通して円環面に流入する体積流量は

$$2\pi r\,\delta r\,u \tag{2.28}$$

となる．一方，$z+\delta z$ で面 D から流出する体積流量は

$$2\pi r u\delta r + 2\pi r\frac{\partial u}{\partial z}\delta r\delta z \tag{2.29}$$

となる．したがって，任意の微小円環に流入流出する体積流量の増加は 0 なので，

$$\frac{\partial r u_r}{\partial r} + r\frac{\partial u}{\partial z} = 0 \tag{2.30}$$

が成立する．

2.5 流体の運動方程式

議論を簡単にするために，上と同様に密度 ρ は流れのいたるところで一定とする．オイラーの立場から運動方程式を求める．この形式の運動方程式は，一

見すると質点系力学によるそれと異なって見えるが，本質的にはまったく同一である．ただ，アプローチが異なっているだけで，ニュートンの第二法則：力＝質量 × 加速度に基づいている．

まず力 $\boldsymbol{F}$ は，運動量の変化率 $d(m\boldsymbol{u})/dt$ として定義される．運動量が変化しなければ当然ながら力は釣り合っており 0 である．運動量はベクトル量なので，その変化とはその大きさいわゆる速さのみならず向きも含まれる．いま質量 m は一定なので，$\boldsymbol{F} = md\boldsymbol{v}/dt$ となる．よって，加速度 $d\boldsymbol{u}/dt = \boldsymbol{\alpha} = (\alpha_x, \alpha_y)$ は，δt 秒間で速度 $\boldsymbol{u} = (u, v)$ がどれだけ変化するか考え，$\delta t \to 0$ の極限として与えられる．

2.5.1 流体の加速度

オイラーの立場から**流体の加速度**を考える．時刻 t で点 (x, y) にある流体要素は，δt 秒後には速度 $\boldsymbol{u} = (u, v)$ にのって $\delta x = u\delta t, \delta y = v\delta t$ だけ移動するので，$(x + u\delta t, y + v\delta t)$ の位置にくる．その点の速度が $\boldsymbol{u}'$ であれば，この微小要素の加速度は

$$\lim_{\delta t \to 0} \frac{\boldsymbol{u}'(x + u\delta t, y + v\delta t, t + \delta t) - \boldsymbol{u}(x, y, t)}{\delta t} \tag{2.31}$$

として定義される．

まず，x 方向の加速度 α_x について説明する．x 方向の速度成分 $u'(x + \delta x, y + \delta y, t + \delta t)$ を (x, y, t) まわりにテイラー展開すると

$$u' = u(x, y, t) + \frac{\partial u}{\partial t}\delta t + \frac{\partial u}{\partial x}\delta x + \frac{\partial u}{\partial y}\delta y + \cdots \tag{2.32}$$

となる．ここで，$\delta x = u\delta t$ と $\delta y = v\delta t$ を用いると

$$u' = u(x, y, t) + \frac{\partial u}{\partial t}\delta t + \frac{\partial u}{\partial x}u\delta t + \frac{\partial u}{\partial y}v\delta t + O(|\delta t|^2) \tag{2.33}$$

となる．ここで，$\delta t \ll 1$ と仮定しているので，$O(|\delta t|^2)$ は無視する．

これより，δt 秒間の x 方向の速度成分 u の変化は，

$$\delta u = u' - u = \frac{\partial u}{\partial t}\delta t + \frac{\partial u}{\partial x}u\delta t + \frac{\partial u}{\partial y}v\delta t \tag{2.34}$$

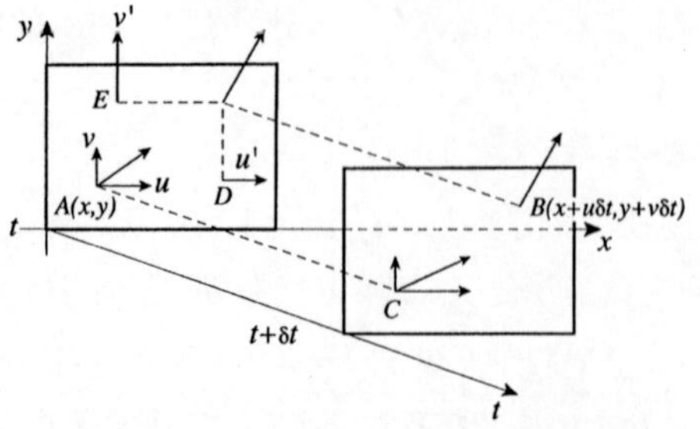

図 2.11　2 次元流れ場における加速度の意味

同様に，y 方向の速度成分 v の変化は，

$$\delta v = v' - v = \frac{\partial v}{\partial t}\delta t + \frac{\partial v}{\partial x}u\delta t + \frac{\partial v}{\partial y}v\delta t \tag{2.35}$$

となる．

x 方向の速度の変化を表す式 (2.34) について図 2.11 で簡単に説明する．この図は，速度ベクトル分布が撮影できるカメラで時間 δt 間隔で連写した写真をイメージするとよい．流体要素は，時間 δt 経過すると点 A から点 B へ移動する．$\delta t \ll 1$ の仮定により，点 A から点 B へ移動したときの速度の変化は場所 (x, y) を固定して δt についての u の変化，逆に時刻 t を一定として x 方向と y 方向の u のそれぞれの変化に分けて考える．

点 (x, y) を固定して δt 経過した（図 2.11 では点 A から点 C の）u の変化を考える．時刻 t における単位時間あたりの u の変化つまり変化率が $\partial u/\partial t$ なので δt 経過すると $\partial u/\partial t \cdot \delta t$ となる．これは，式 (2.34) の右辺の第 1 項を表している．つづいて，時刻 t の流れ場を取り上げ，まず $y =$ 一定として δx について（図 2.11 では点 A から点 D）の速度成分 u の変化を考える．x 方向の単位長さの速度こう配は $\partial u/\partial x$ なので，距離 $\delta x = u\delta t$ について，速度成分 u は $\partial u/\partial x \cdot \delta x = \partial u/\partial x \cdot u\delta t$ だけ変化する．これは，式 (2.34) の右辺の第 2 項を表す．同様に，y 方向に移動した（図 2.11 では点 A から点 E へ移った）ときの速度成分 u の変化は $\partial u/\partial y \cdot \delta y = \partial u/\partial y \cdot v\delta t$ である．これは，式 (2.34) の右辺の第 3 項を意味する．

加速度は，式 (2.34) と (2.35) とを式 (2.31) に代入することにより

$$\alpha_x = \frac{\partial u}{\partial t} + u\frac{\partial u}{\partial x} + v\frac{\partial u}{\partial y} \tag{2.36}$$

$$\alpha_y = \frac{\partial v}{\partial t} + u\frac{\partial v}{\partial x} + v\frac{\partial v}{\partial y} \tag{2.37}$$

となる．ここで，式 (2.36) と (2.37) を微分演算子 D/Dt を用いて

$$\frac{D}{Dt}u = \left(\frac{\partial}{\partial t} + u\frac{\partial}{\partial x} + v\frac{\partial}{\partial y}\right)u = \frac{\partial u}{\partial t} + u\frac{\partial u}{\partial x} + v\frac{\partial u}{\partial y} \tag{2.38}$$

$$\frac{D}{Dt}v = \left(\frac{\partial}{\partial t} + u\frac{\partial}{\partial x} + v\frac{\partial}{\partial y}\right)v = \frac{\partial v}{\partial t} + u\frac{\partial v}{\partial x} + v\frac{\partial v}{\partial y} \tag{2.39}$$

と書き直す．この微分演算子

$$\frac{D}{Dt} = \frac{\partial}{\partial t} + u\frac{\partial}{\partial x} + v\frac{\partial}{\partial y} \tag{2.40}$$

は流れに沿う物理量の変化を意味する時間的微分であり，**物質微分**と呼ばれる．この演算子は通常の微分演算子と同じように取り扱える．つまり，任意の関数 f と g について，

$$\frac{D(f+g)}{Dt} = \frac{Df}{Dt} + \frac{Dg}{Dt}, \quad \frac{D(fg)}{Dt} = f\frac{Dg}{Dt} + g\frac{Df}{Dt}$$

が成立する．式 (2.38) および (2.39) の非定常項がすべての点で $\partial \boldsymbol{u}/\partial t = (\partial u/\partial t, \partial v/\partial t) = 0$ ならば，つまりいくら時間が経過したとしても速度ベクトル分布が変化しなければ，この流れを定常流れと呼ぶ．この定常流れは，各点で速度の時間的変化が 0 であることをいっているだけで，場所について変化していてもよい．

【例題】非粘性流体が平行平板間あるいはノズルの中を流れているモデルを考えよ (図 2.12)．そこで，次の条件のもとで 1 次元流れの加速度の項である $\partial u/\partial t$ と $u\partial u/\partial x$ が負，0 および正のいずれの値をとるかを考えてみよう．

1） 流路入口の流入条件として，つねに一定速度で流れ込んでいる場合

2） 入口の流入速度がだんだんと小さくなる場合

について答えよ．ヒント：速度のベクトル分布を考える．

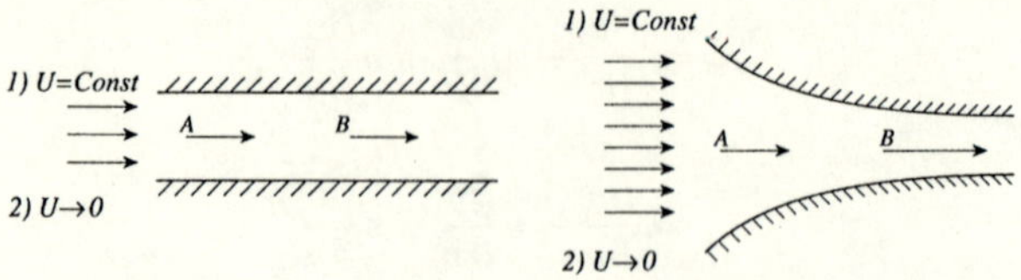

図 2.12 パイプおよびノズル内流れの各対流項の意味

2.5.2 オイラーの運動方程式

流体の加速度が前節で求められたので，**ニュートンの第 2 法則**すなわち**力＝質量 × 加速度**の法則にしたがって流体の運動方程式を求める．ここでも説明を簡単にするために，2 次元の微小要素の運動をとりあげる．ここで取り扱う流体は非圧縮，非粘性とする．図 2.13 で示されるように長さが δx および δy の 2 次元微小要素について，まず x 方向の運動方程式を導く．非粘性流体が微小要素に及ぼす力は，圧力と体積力である．これ以外に粘性応力があるが，これについては粘性流れの第 4 章で説明する．

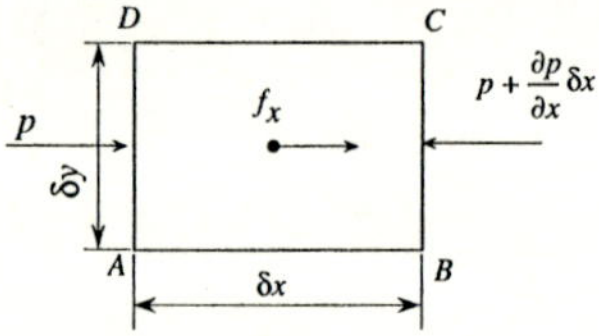

図 2.13 微小流体要素にはたらく力 (非粘性流体の場合)

圧力はつねに面に対して法線方向にはたらく．辺 AD に作用する全圧力は $p\delta y$ である．δx 離れた辺 BC の全圧力は $-(p+\partial p/\partial x \cdot \delta x)\cdot \delta y$ となる．ここで，マイナス記号は辺 BC に作用する圧力の向きが座標軸 x の負の向きになるからである．結局，この要素に作用する合成した x 方向の全圧力は $-\partial p/\partial x\, \delta x \cdot \delta y$ となる．

つづいて，物体力について考える．この要素の体積は $\delta x \delta y$ なので，ρ を流体の密度とすれば質量は $\rho \delta x \delta y$ となる．ゆえに，f_x を x 方向の単位質量あたりの体積力とすると，x 方向の全体積力は $\rho f_x \delta x \delta y$ となる．

質量 $\rho \delta x \delta y$ の微小要素について x 方向の運動方程式を求める．式 (2.38) と

ニュートンの第二法則を用いると，

$$\rho\delta x\delta y\frac{Du}{Dt}=-\frac{\partial p}{\partial x}\delta x\delta y+\rho f_x\delta x\delta y \tag{2.41}$$

が得られる．y 方向の運動方程式も同様に求められる．これらの方程式を単位質量あたりにすると，すなわち $\rho\delta x\delta y$ で両辺を割ると，x 方向および y 方向の運動方程式が得られる．すなわち，

$$\frac{\partial u}{\partial t}+u\frac{\partial u}{\partial x}+v\frac{\partial u}{\partial y}=-\frac{1}{\rho}\frac{\partial p}{\partial x}+f_x \tag{2.42}$$

$$\frac{\partial v}{\partial t}+u\frac{\partial v}{\partial x}+v\frac{\partial v}{\partial y}=-\frac{1}{\rho}\frac{\partial p}{\partial y}+f_y \tag{2.43}$$

となる．これらの方程式が，非粘性流体の運動を支配する方程式で，**オイラーの運動方程式**と呼ばれている．これは運動量の変化が力により生じるという，広い意味での**運動量の保存則**を表していることに注意しよう．

2.6　境界および初期条件

流体の運動はオイラーの運動方程式によって求められるが，そのオイラーの運動方程式には従属変数つまり流れの状態を表す変数 (u,v,p) が 3 つ存在するのに対して，方程式の数は 2 つしかない．そこで，連続の式 (2.25) を連立させることにより流体の運動が求められる．

運動方程式 (2.42) および (2.43) で流れを求めるには，**境界条件**や**初期条件**が必要である．これらの条件は流れの問題に応じて多種多様なものが考えられる．たとえば，表面張力，自由境界面や多孔質境界などがあげられる．非粘性流れの境界条件で注意すべきことは，この流体は**境界上で‘ツルツル’と滑っているので**，境界に沿って流れる条件：$\boldsymbol{u}_0\cdot\boldsymbol{n}=0$ が使われる (図 2.14)．ここで，$\boldsymbol{u}_0$ は境界上の速度，$\boldsymbol{n}$ は境界に対する法線ベクトルである．

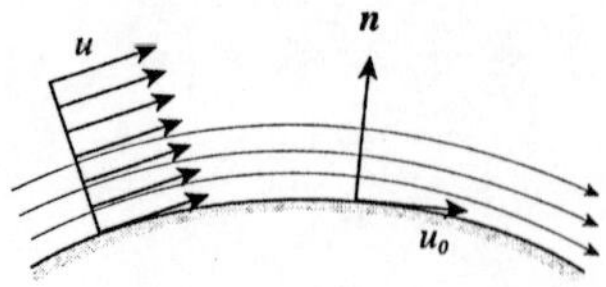

図 2.14　非粘性流体の境界条件

2.7　ベルヌーイの定理

2.7.1　ベルヌーイの定理の導出

流体が運動しているとき，質量，運動量と同様にエネルギーも保存される．ここでは，非圧縮・非粘性流体の定常流れに限定して説明する．そのような流れに含まれる代表的なエネルギーとして，**運動エネルギー**，**圧力によるエネルギー**および重力による**ポテンシャルエネルギー**などが考えられる．これらは力学的エネルギーといわれる．非粘性流体であれば，これらのエネルギーの総和は一定であり，つまりこれらのエネルギーは相互に変換されうる．このように流れに沿ってエネルギーが不変であることを**ベルヌーイ (Bernoulli) の定理**と呼ぶ．圧縮性や熱の出入りがある場合，**内部エネルギー**や熱移動を考慮する必要があるが，本章では省略する．

実は流体では，**エネルギー保存則**は先に述べた，圧縮性や熱を考えた場合にはじめて，質量保存則や運動量保存則と独立な保存則であって，ここで最後に導くベルヌーイの定理は，先のオイラーの運動方程式から直接導かれるものであり，本来は独立なものではないことに注意しよう．ここではより一般的な導出を行う．

ここで，圧力によるエネルギーは後述の圧力項 p/ρ と解釈されているが，とくに非圧縮性流体を取り扱うときには注意を要する．いま流体をシリンダにいれてピストンの上から圧力 p をかけると，シリンダ内の圧力はどこも p となる．しかし，ピストンは非圧縮性流体により動かないので，流体は外からエネルギーをもらったり，外部に仕事をしたりしない．しかしシリンダの側面に孔をあけると，水は圧力が低い外部にいきおいよく噴き出す．その際，ピストンは圧力

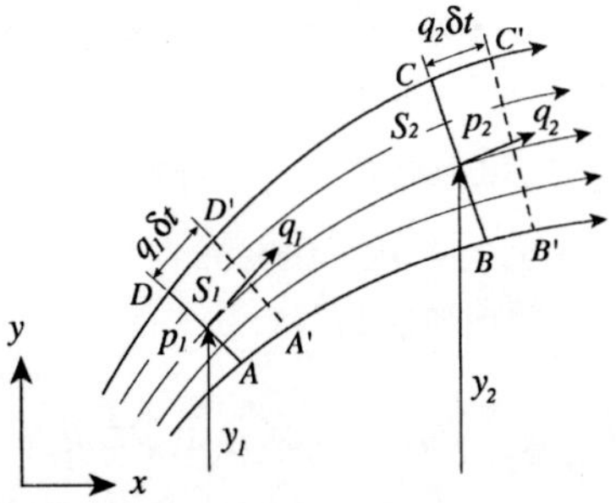

図 2.15 流管からなる微小要素内のエネルギー変化と仕事との関係

p がかけられたまま下がるので外部に仕事を行ったとみなせる．このように圧力項 p/ρ は圧力差がある場合に圧力から仕事を取り出せる性質をもつ．

2次元流れのベルヌーイの定理を，力学的エネルギーの保存則，つまり流体の力学的エネルギーの増加はその流体にはたらいた仕事に等しいという観点から考える．まず流れは定常であるとし，流れの中に微小な断面をもつ流管 ABCD (以後，検査面と呼ぶ）をとる (図 2.15)．検査面は流線から成り立っているので，検査面の側面 AB や CD を横切る流れはない．断面 AD における面積を S_1，圧力を p_1 およびその断面の高さを y_1 とする．速度ベクトルの大きさつまり速さを q_1 とする．同様に，断面 BC における面積を S_2，速さを q_2，圧力を p_2 および高さを y_2 とする．ここで，流速 q_1 や q_2 は断面 AD や BC が微小幅という条件より平均流速とした．時刻 t の検査面 ABCD にある流体は，時間 δt 後に検査面 A′B′C′D′ に移動するものとする．

この時間 δt におけるエネルギーの増加は，検査面 A′B′C′D′ に含まれるエネルギーから検査面 ABCD のそれを差し引いたものである．共通部分 A′BCD′ のエネルギーはキャンセルされるので，エネルギーの増加に無関係である．結局，時間 δt のエネルギーの増加は，検査面 BB′C′C のエネルギーから検査面 AA′D′D のそれを引いたものになる．

検査面 BB′C′C に含まれるエネルギーのうちまず運動エネルギーを考える．時間 δt 内で断面 BC を通る質量流量は $\rho q_2 S_2 \delta t$ であるので，運動エネルギーは $\rho q_2 S_2 \delta t (1/2) q_2^2$ となる．それ以外のエネルギーとしてはポテンシャルエネルギーがあげられる．実際の問題で通常考慮されるのは重力なので，その単位質量あたりのポテンシャルエネルギーとして $U(y) = gy$ を仮定する．検査面 BB′C′C の質量流量からポテンシャルエネルギーは $\rho q_2 S_2 \delta t g y_2$ となる．一方，検査面 AA′D′D については，これに含まれる運動エネルギーは $\rho q_1 S_1 \delta t (1/2) q_1^2$ およびポテンシャルエネルギーは $\rho q_2 S_2 \delta t g y_2$ として上と同様に求められる．

したがって，エネルギーの増加分 δE は，

$$\delta E = \rho q_2 S_2 \delta t \left(\frac{1}{2} q_2^2 + g y_2 \right) - \rho q_1 S_1 \delta t \left(\frac{1}{2} q_1^2 + g y_1 \right) \tag{2.44}$$

となる．

一方，この検査面 ABCD になされた仕事 W(=外力 (全圧力)× 移動距離) は，時間 δt 内に

$$W = p_1 S_1 \cdot q_1 \delta t - p_2 S_2 \cdot q_2 \delta t \tag{2.45}$$

となる．ここで，正の仕事の向きを流れの向きとした．したがって，圧力は面に直角にはたらくので断面 BC では要素になされる仕事は負となる．要素側面の圧力は流れと直角方向なので流れにはたらく仕事としては寄与しない．

ここで，2 つの断面を通過する非圧縮性流体の体積流量の関係を考える．側面 AB や CD を横切る流れがないので，断面 AD および BC を流れる体積流量は連続の条件より

$$q_1 S_1 \delta t = q_2 S_2 \delta t = Q \delta t \tag{2.46}$$

となる．ここで，Q は単位時間あたりの流量とする．

検査面 ABCD 内に外部からエネルギー流入がなく，また力学的エネルギーが減らない（損失がない）ならば，検査面 ABCD になされた仕事 W は，エネルギーの増加分 δE に等しいので $W = \delta E$ が成立する．この関係式に式 (2.44), (2.45) および式 (2.46) を代入すると，

$$(p_1 - p_2) Q \delta t = \rho Q \delta t \left(\frac{1}{2} q_2^2 + g y_2 - \frac{1}{2} q_1^2 - g y_1 \right) \tag{2.47}$$

となる．

上の式は任意の断面 AD や BC について成立するので，その極限として 1 つの流線について

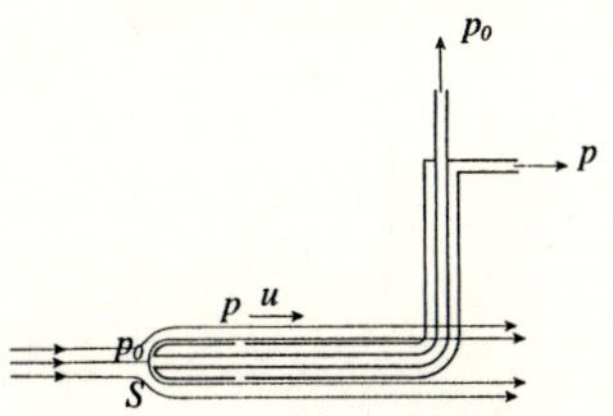

図 2.16 流速を測るピトー管

$$\frac{1}{2}q_1^2 + \frac{p_1}{\rho} + gy_1 = \frac{1}{2}q_2^2 + \frac{p_2}{\rho} + gy_2 \tag{2.48}$$

が成立する．これはベルヌーイの定理と呼ばれる．

ベルヌーイの定理は，非粘性流体の条件で求められているので，ある流れに沿って移動する流体粒子に含まれる力学的エネルギーは一定である．しかし，実際の流体には粘性があり，物体との境界や流体内部で摩擦が生じる．その結果，力学的エネルギーは熱に変換されるが，熱のエネルギーはいま考えている非粘性，非圧縮性の流れでは捉えることはできず，式 (2.48) のトータルの力学的エネルギーは，だんだん減少する．これを**損失**と呼んでいる．この効果を考慮し，ベルヌーイの定理を拡張した式は，第 5 章で説明する．ただ，注意すべきことは，熱まで含めたエネルギーは，損失があっても保存されるということである．

2.7.2 ベルヌーイの定理の例題

a. ピトー管

流速を測るためにいろいろな方法がある．そのうち，18 世紀後半頃からすでに考案された圧力差を利用した**ピトー (Pitot) 管**による測定がある．飛行機をよく見ると，飛行機の胴体の前部とか翼の前縁などからつきだした小さなパイプを目にする．これは飛行速度を知るためのピトー管と呼ばれるものである．一様流中におかれたピトー管で流速を測定する原理を示す (図 2.16)．飛行機は粘性が小さい空気中を高速で飛行し，ピトー管自体も流線型に作られているので，非粘性流れと仮定される．そこで，ピトー管の先端からそのパイプ表面に沿って流れる流線についてベルヌーイの定理を適用する．

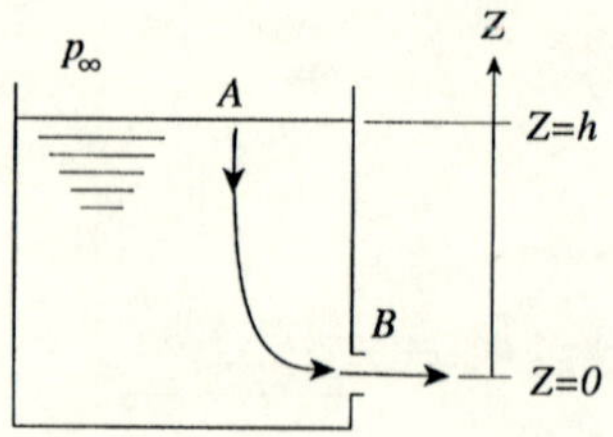

図 2.17 トリチェリーの流れ

先端Sでは明らかに速度が0となるので，運動エネルギーがすべて圧力のそれに変えられることになる．ここで，速度が0になるような点をよどみ点，そこでの圧力を**全圧**と呼ぶ．よどみ点をすぎてパイプ側面を通過すると，運動エネルギー（**動圧**と呼ばれる）が増加しその分だけ圧力は減少する．ピトー管の側面に孔をあけてそこでの圧力（**静圧**と呼ばれる）を測定し，その静圧を p および速さを u とする．この静圧孔とよどみ点との高低差は無視できるので，ポテンシャルエネルギーによる影響は考えない．

そこで，全圧を p_0 としてベルヌーイの定理を適用すると

$$\frac{1}{2}u^2 + \frac{p}{\rho} = \frac{p_0}{\rho} \tag{2.49}$$

となる．式 (2.49) より速度 u は

$$u = \sqrt{\frac{2}{\rho}(p_0 - p)} \tag{2.50}$$

となる．これより全圧 p_0 と静圧 p との差がわかれば流速が測定できる．

2.7.3 トリチェリーの定理

図 2.17 のように水を満たした十分大きなタンクの側面の穴から噴出する流れを考える．A 点を水面にとり，この位置にある流体要素は流出口 B にたどりつくものとする．これらの点をつなぐ流線を考えて，それにベルヌーイの定理を適用する．

流出口の位置を $z = 0$，水面までの高さを h，大気圧を p_∞ とする．A 点の流体要素は，ポテンシャルエネルギー gh と圧力のそれ p_∞/ρ をもつ．ここで，ρ は水の密度である．タンクは十分大きいので水面上で速度はほとんど 0 と見

なせるので，運動エネルギーは 0 とする．B 点におけるエネルギーは，圧力のエネルギー p_∞/ρ と運動エネルギー $1/2 \cdot u^2$ のみである．出口は大気圧に噴出しているので，そこでの圧力は p_∞ である．また，流出口を原点にとっているので，重力のポテンシャルエネルギーは 0 である．この流線にベルヌーイの定理を適用すると，

$$\frac{p_\infty}{\rho} + gh = \frac{p_\infty}{\rho} + \frac{1}{2}u^2 \tag{2.51}$$

となる．よって，噴出口の速度は

$$u = \sqrt{2gh} \tag{2.52}$$

となる．この式は**トリチェリー (Torricelli) の定理**と呼ばれる．

2.8 運動量の定理

2.8.1 運動量の保存則からの導出

非粘性流体が運動する場合，ある流体要素の質量およびエネルギーは増えも減りもせずつねに一定であることを説明した．これ以外の保存される物理量として運動量や角運動量もあげられる．本節では**運動量の定理**について説明する．まず運動量は，質量 × 速度として定義される．質点系力学でよく知られているように，運動量の変化は，力 $\times \delta t$ として定義される**力積**に等しい．流体において定常な流れであっても，流体がある検査面内を通過するときの運動量変化は，検査面内の流体にはたらく力積の総和であり，これをしばしば運動量の定理と呼んでいる．この**運動量はベクトル量であり**，スカラー量である質量やエネルギーと異なって，その大きさのほかに向きも考慮する必要がある．

ここでは定常な流れを運動量の保存則の立場から考える (図 2.18)．断面 AD で断面積を S_1，圧力を p_1，速度ベクトルを $\boldsymbol{u}_1$，その速さを q_1 とする．同様に断面 BC では断面積を S_2，圧力を p_2，速度ベクトルを $\boldsymbol{u}_2$，その速さを q_2 とする．ここで速さ q は，速度ベクトルを $\boldsymbol{u} = (u, v)$ と仮定すると，そのベクトルの大きさは $q = \sqrt{u^2 + v^2}$ である．断面は流線に直角にとられているので，速度ベクトル $\boldsymbol{u}$ の向きは断面に直角である．

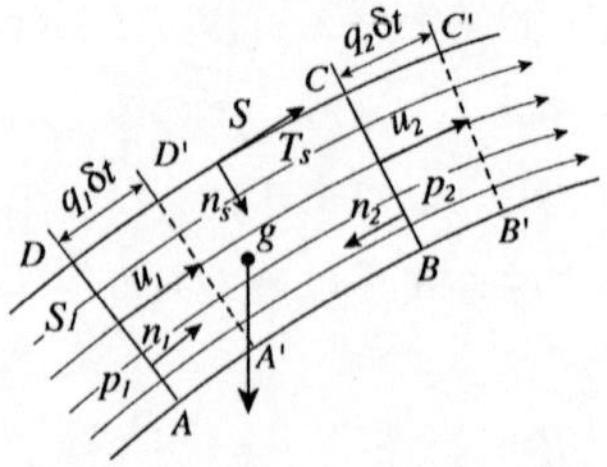

図 2.18　微小要素内の運動量の変化と力積との関係

検査面 ABCD にある流体は微小時間 δt 後に検査面 $A'B'C'D'$ に移動するものとする．そして，検査面 ABCD に含まれる運動量と時間 δt 後の検査面 $A'B'C'D'$ の運動量がどれだけ増加するかを考える．両者の共通部分の検査面 $A'BCD'$ の運動量はキャンセルされるので，その増加分は $BB'C'C$ の運動量から $AA'D'D$ のそれを差し引いたものに等しい．

微小時間 δt 内で断面 S_1 を通過する質量流量は $\rho S_1 q_1 \delta t$，よって検査面 $AA'D'D$ の運動量は $\rho S_1 q_1 \delta t \boldsymbol{u}_1$ となる．同様に断面 S_2 を通過する検査面 $BB'C'C$ の運動量は $\rho S_2 q_2 \delta t \boldsymbol{u}_2$ である．よって，時間 δt における運動量の増加量は

$$(\rho S_2 q_2 \delta t \boldsymbol{u}_2 - \rho S_1 q_1 \delta t \boldsymbol{u}_1) \tag{2.53}$$

となる．

検査面は流管からなる検査面 ABCD であるので，時間 δt 内でそれぞれの断面を通過する体積流量は等しい．つまり，

$$S_1 q_1 \delta t = S_2 q_2 \delta t = Q \delta t \tag{2.54}$$

が成立する．ここで，Q は断面を通過する単位時間あたりの体積流量とする．

よって，式 (2.53) は

$$\rho Q \delta t (\boldsymbol{u}_2 - \boldsymbol{u}_1) \tag{2.55}$$

と書き表される．

この運動量の増加は運動量保存則により検査面 ABCD にはたらく力積に等しい．流れの場合，その力として圧力や重力などが考えられる．まず，圧力は断面につねに直角にはたらき，その力積は，

$$\left(\int_{S_1} p_1 \boldsymbol{n}_1 ds + \int_{S_2} p_2 \boldsymbol{n}_2 ds + \int_{S} p_s \boldsymbol{n}_s ds\right) \delta t \tag{2.56}$$

となる．ここで，ベクトル $\boldsymbol{n}_s$ は側面の法線ベクトルとする．また，すべての法線ベクトルの向きは流体が検査面にはたらく向きつまり検査面の外から内向きにとる．さらに，側面 S に粘性力などの表面にはたらく応力 $\boldsymbol{T}_s$ による

$$\left(\int_{S} \boldsymbol{T}_s \, ds\right) \delta t \tag{2.57}$$

なる力積が追加される．また，重力による力積は

$$\left(\int_{V} \rho \, \boldsymbol{g} \, dv\right) \delta t \tag{2.58}$$

として表される．ここで，積分範囲 V は検査面 ABCD 全体についてである．

運動量の増加は力積に等しいので，最終的に式 (2.55) から (2.58) により，流れが定常のときには

$$\begin{aligned} &\rho Q(\boldsymbol{u}_2 - \boldsymbol{u}_1)\delta t \\ &= \left(\int_{S_1} p_1 \boldsymbol{n}_1 ds + \int_{S_2} p_2 \boldsymbol{n}_2 ds \right. \\ &\quad \left. + \int_{S} (p_s \boldsymbol{n}_s + \boldsymbol{T}_s) ds + \int_{V} \rho \, \boldsymbol{g} \, dv\right) \delta t \end{aligned} \tag{2.59}$$

が成り立つ．この式が流体における運動量の定理を表す．この式はベクトル表示式なので，実際に計算するときは運動量を x および y 方向の各成分に分けて求めることになる．

式 (2.59) は任意の時刻に成立するのであるが，その適用には注意を要する．定常流れの場合，任意の時刻 t において検査面 ABCD にある流体は時間 δt 経過するとつねに A′B′C′D′ に移動する．しかし非定常流れは，速度ベクトル分布が時間とともに変化するので，検査面 A′B′C′D′ がつねに変化する．したがって，式 (2.59) で計算するには検査面を時間ごとに求める必要があるので複雑となる．しかし，定常流れの問題を解くには非常に有益である．とくに，密度が一定ならば式 (2.59) の最後の項は重力と，検査面の体積のみで計算され，あとの項は検査面の表面の値のみで表されている．運動量の定理は，流れの詳細を

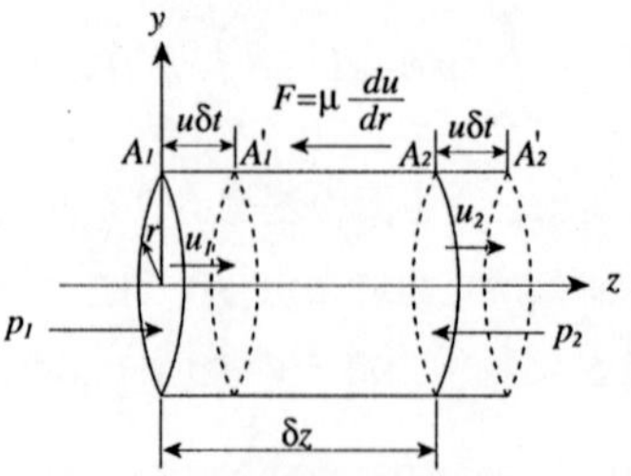

図 2.19 円管内流れの運動量

知ることなくある検査面表面の既知の値から，他の表面での未知の圧力の総和，つまり力を見積もることができる有用な定理である．

2.8.2 運動量の定理の応用—円管内流れ

まっすぐな管内を実際の流体が流れる問題をとりあげる．これは，第4章の粘性流れで述べられる，**ポアズイユ (Poiseuille) 流れ**という基礎的な流れの1つである．図2.19で示されるように管軸方向を z 軸にとり，その軸に直角な断面について円管の中心を原点とした極座標系（半径方向を r，周方向を θ）を考える．円管の両端に圧力こう配をかけて流れを駆動し，その流れは z 軸について旋回することなくまっすぐ流れているとする．よって z 方向の速度成分 u のみが存在し，その速度は半径 r に依存する関数 $u = u(r)$ となる．よって，運動量ベクトルの向きは z 方向のみを考えるだけでよい．ここで半径 r として断面積 $S(= \pi r^2)$ と微小長さ δz とからなる円柱を検査体 $\mathrm{A}_1\delta z\mathrm{A}_2$ とする．断面 A_1 の速度を u_1，断面 A_2 での速度を u_2 とする．断面を通過する体積流量は一定であるので，任意の S について $Su_1 = Su_2$ が成立するので $u_1 = u_2 (= u$ とおく) が得られる．そして，速度は z 方向だけなので，時間 δt 内に下流方向に $u\delta t$ だけ平行移動し，検査体 $\mathrm{A}_1\delta z\mathrm{A}_2$ の流体は $\mathrm{A}_1'\delta z\mathrm{A}_2'$ に移動する．時刻 t の検査体 $\mathrm{A}_1\delta z\mathrm{A}_2$ に含まれる運動量と時刻 $t+\delta t$ の検査体 $\mathrm{A}_1'\delta z\mathrm{A}_2'$ に含まれるそれは，ともに同じで

$$\rho S u\delta t\, u \tag{2.60}$$

である．したがって，運動量の増加は0である．

一方，力積については，圧力による垂直応力と粘性によるせん断応力による

力積が考えられる．断面 A_1 にはたらく圧力を $p_1(=p$ とおく)，断面 A_2 の圧力を $p_2=-(p+dp/dz\cdot\delta z)$ とする．したがって，円柱にはたらく合力は

$$-\pi r^2\frac{dp}{dz}\delta z=\pi r^2 p-\pi r^2\left(p+\frac{dp}{dz}\delta z\right) \tag{2.61}$$

となる．また，側面にはたらく力として，半径 r 方向の速度こう配に比例するような抵抗力 $\tau=\mu du/dr$ を考える．粘性流れの第4章で述べられるが，μ は粘性係数と呼ばれる．この式で定義される応力 τ は粘性によるせん断応力と呼ばれる．円柱の側面にはたらく力は，

$$2\pi r\delta z\cdot\mu\frac{du}{dr}=2\pi r\delta z\,\tau \tag{2.62}$$

である．

運動量の増加量はこれらの力によるもので，式 (2.59) より

$$0=\left(-\pi r^2\frac{dp}{dz}\delta z+2\pi\mu r\frac{du}{dr}\delta z\right)\delta t \tag{2.63}$$

となる．上の式を整理すると

$$\frac{du}{dr}=\frac{1}{2\mu}\frac{dp}{dz}r \tag{2.64}$$

が得られる．この方程式は，工場などでよく用いられている円管内の粘性流れを支配する．

2.8.3 運動量の定理の例題一曲がり管

図2.20で示されるように，直角に曲げられ水平に置かれた半径 a の円管の中を非粘性の流体が流れているものとする．断面ADにおける圧力を p_1 および流速を u_1，断面BCの圧力を p_2，流速を u_2 とする．検査体ABCDの流体は時間 δt で A′B′C′D′ に移動すると仮定する．体積流量が一定により，断面ADおよび断面BCの流速は $u_1=u_2(=u$ とおく) である．また，ベルヌーイの定理から圧力は $p_1=p_2(=p$ とおく) となる．

時間 δt での運動量の増加は，検査体BB′C′Cに含まれる運動量からAA′D′Dのそれを差し引いた，

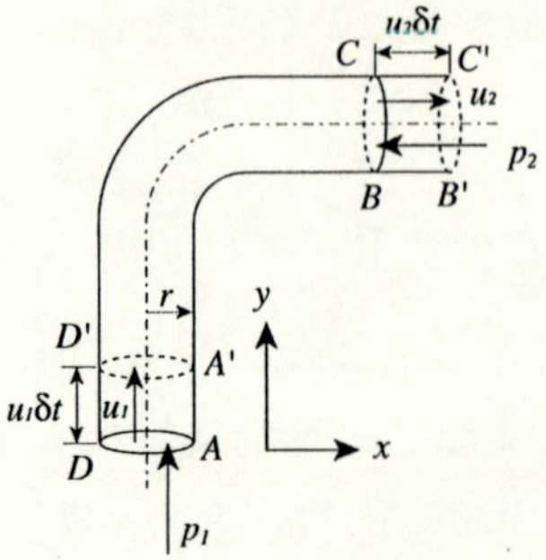

図 2.20　曲がり流路内流れの運動量の定理

$$(\rho Su\delta t\, u, 0) - (0, \rho Su\delta t\, u) \tag{2.65}$$

である．簡単のため行列表現を用いたが，第 1 列が x，第 2 列が y 方向の運動量の成分を表す．

一方，時間 δt 間に検査体 ABCD に加えられた力積は

$$((-pS + F_x)\delta t, (pS + F_y)\delta t) \tag{2.66}$$

である．ここで，S は円管の断面積 (πa^2) であり，(F_x, F_y) は流体にはたらく x および y 方向の未知の力とする．

運動量の定理により式 (2.65) と (2.66) とを等しく置くと，任意の時間 δt について

$$(F_x, F_y) = (S(p + \rho u^2), -S(p + \rho u^2)) \tag{2.67}$$

が得られる．これより，流体にはたらく力は $-45°$ の向きである．この力の向きから，力は円管のストレート部分からでなく曲がり部分の壁から受けたと考えるのが自然であろう．結局，流体はこの曲がりにより，壁から式 (2.67) で示される $|\boldsymbol{F}| = \sqrt{F_x^2 + F_y^2} = \sqrt{2}S(p + \rho u^2)$ の向心力を受け，この反力として流体から壁へ力 (F_x, F_y) がはたらいたと結論づけられる．

Coffee Break

推進効率

水中や空中を移動するほとんどの機械や動物は，水や空気を後方に加速し押し出すことにより推進力を得ている．電車や自動車は地面との摩擦により推力を得るので，これらは別である．つまり機械ならば航空機あるいは船，そして動物ならば魚やその他水中動物，また鳥や昆虫などである．もちろん人間が水中を泳いでいる場合も含まれる．これら流体を加速して推進力を得る場合，推進効率というのが一般的なものとして考えられる．この推進効率は推進力が単位時間にする仕事と推進力を得るために推進器（プロペラやスクリューはもちろん魚のひれや人間の手足もそうである）のする単位時間の仕事の比として定義される．力は流体に与えた運動量の変化の反力として得られるから，トータルの流体の運動量変化が同じならば同じ推進力が得られる．このとき，少しの量の流体を大きく加速する場合と，大量の流体を少しだけ加速する場合で同じ推進力が得られることになる．しかし推進効率は後者の方が高い．つまり推進効率を上げるためにはできるだけ大量の流体を少しの加速で後方に押し出すのがよい．この原理は一般的に成り立つもので，**フルード (Froude) の推進効率**あるいは**ランキン (Rankine) の噴流理論**と呼ばれている．この議論から考えると，いわゆる燃焼空気を噴流として後方に押し出し推進力を得る**ターボジェット推進器**は高速のときはまだしも，低速では極めて推進効率が低い装置ということになる．なぜならば少量（比較的）の空気を大きく加速して押し出しているからである．もちろん超音速で飛ぶ航空機に対しては，空気を大きく加速する必要があるが，亜音速（音速以下の速度）で飛ぶ旅客機などには不経済な推進装置といえる．そこで旅客機などの推進装置は，実はジェット機といっても少し違うのである．

現在の旅客機などに使われているジェットエンジンは，**ターボファンエンジン**といって，コンプレッサと燃焼器を通ってきた高温高圧のガスはターボジェットエンジンと同様コンプレッサを駆動するためのタービンを回すが，そのあと

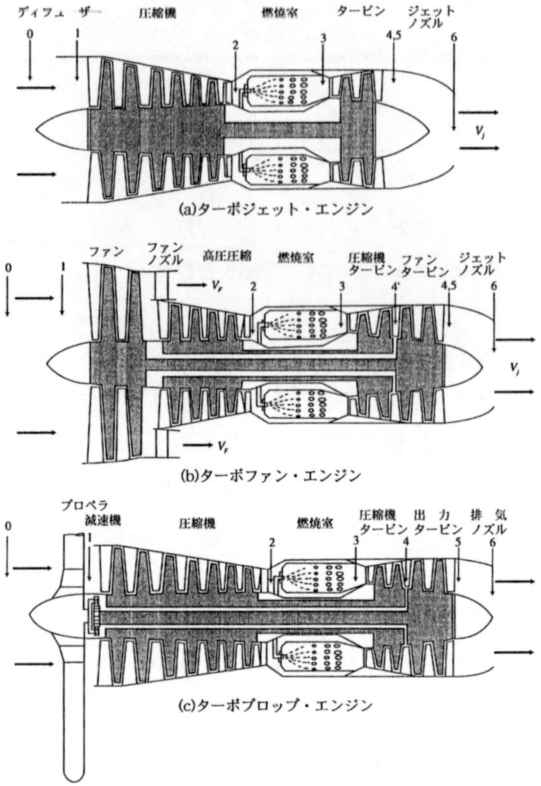

図 **2.21**　各種のジェットエンジン（村山，1973）

もう1つの低速のタービンを回して後方に排出される．この低速タービンが何をするかというと図2.21にあるファンを回すのである．旅客機などのエンジンは遠くから見てわかるように，非常に大きな直径のものがあり，前から見ると筒のようなケースの中で何枚もの羽のついたプロペラのようなものが回っている．これがファンである．ファンを通る流体の量と，燃焼器を通ってタービンをまわし，いわゆるジェット（噴流）として後方へ出ていく流体の量の比をバイパス比というが，最近のターボファンエンジンではこのバイパス比は5以上になっている．つまり大部分はファンを通って加速され後方に押し出されている．ファンはプロペラと同じ原理で流体を加速しているのであり，現在のターボファンエンジンは，いわゆるジェットによる推進力よりも，ファンの部分で得ている推進力がずっと大きいのである．ターボファンエンジンは，大きなファンでたくさんの空気を少しだけ加速（ターボジェットエンジンに比べて）することになり，推進効率は高い．

もっと推進効率を上げるためには，このファンを大きくすればよい．ファンまわりの被い（ダクト）を取り払って，ファンを大きくする．これが**ターボプロップ**と呼ばれるものであり，戦後初の国産機ＹＳ－11にも使われたもので，アイデアは新しいものではない．ところがプロペラは当然飛行機本体よりもずっと速い速度で動いており，飛行機が高速で飛行しようとすると，飛行速度が音速よりもずっと小さくても，プロペラの一部が超音速となり衝撃波が発生する．この衝撃波はプロペラにそう流れをはく離させ，推進力の激減をもたらす．つまり普通のプロペラは，高速飛行（マッハ数0.6以上）には役に立たない．

そこで考えられたのが，アドバンストターボプロップといわれるもので，高速で飛行する航空機に用いられている後退翼（翼端が翼の付け根よりも後方に位置するように傾いた翼）の原理をプロペラに応用し，山刀のように湾曲させたプロペラを用いるものである．これだと飛行速度マッハ数0.8位でも十分使え，ターボファンエンジンよりも推進効率は高い．

船舶の推進器はほとんどスクリュープロペラであるが，タンカーなどでは直径の大きなプロペラをゆっくり回すことにより推進効率を上げている．これも大量の水をゆっくり加速することになっている．水泳でも効率よく泳ぐためには，できるだけたくさんの水を動かすことにより進むのがよいのは同じである．

2.9 角運動量の保存則

運動量と同様に，**角運動量**（運動量モーメントとも呼ばれる）も保存量である．つまり，角運動量の増加は力のモーメント（トルクとも呼ばれる）をかけ続けた時間との積に等しい．ポンプやタービンといった流体機械内の流れはほとんどが回転流れである．そのような流れを解明するのに，**角運動量の保存則**

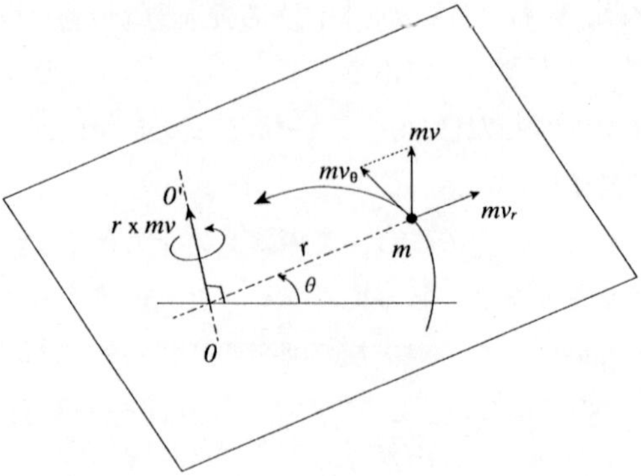

図 2.22　角運動量の定義

が用いられる．

2.9.1　角運動量の保存則の概要

質点系力学における軸 OO′ まわりの角運動量は，$\boldsymbol{r} \times m\boldsymbol{v}$ で定義される (図 2.22)．ここで，× はベクトルの外積（付録参照）を表す．いま，$\boldsymbol{r}$ と $\boldsymbol{v}$ とでなす平面上を質点 m が回転運動しているとする．角運動量のベクトルの方向はこの回転面に直角になる．その正の向きはベクトル $\boldsymbol{r}$ と $\boldsymbol{v}$ の始点を一致させて，右ネジのドライバーを $\boldsymbol{r}$ から $\boldsymbol{v}$ に回したときに進むネジの向きにとられる．図 2.22 の場合は紙面から上向きになる．そのベクトルの大きさは，$\boldsymbol{v}$ と $\boldsymbol{r}$ とのなす角を θ とすると，

$$m|\boldsymbol{r} \times \boldsymbol{v}| = r\,m\,v\,\sin\theta = rmv_\theta \tag{2.68}$$

である．あきらかに腕を引っ張るような $\boldsymbol{r}$ に平行な運動量成分 mv_r は角運動量に無関係である．角運動量の保存則も運動量の保存則と考え方は同じである．つまり，角運動量の増加は力積に対応して力のモーメントつまりトルク ($\boldsymbol{r} \times \boldsymbol{F}$) をかけ続けた時間との積 $(\boldsymbol{r} \times \boldsymbol{F})\delta t$ に等しい．その保存則を説明するために，図 2.23 で示されるように流線からなる 2 次元の検査面 ABCD を考える．議論を簡単にするために断面 AB および CD は流線に対して直角にとり，辺 BC と AD は流線とする．角運動量の中心として原点 O を適当にとり，この軸に対す

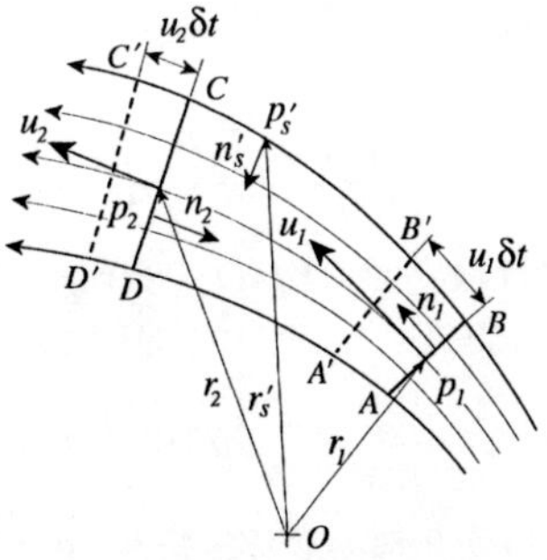

図 2.23 微小要素にはたらく角運動量の変化と力のモーメントとの関係

る角運動量の平衡式を求める．断面 AB での速度を $\boldsymbol{u}_1$，圧力を p_1，断面積を S_1 およびこの断面を通過する単位時間あたりの流量を Q とする．同様に，断面 CD での速度を $\boldsymbol{u}_2$，圧力を p_2，断面積を S_2 とする．ここで，連続の条件および検査面の側面 BC および AD が流線であることから断面 AB を通過する流量は断面 CD を通過する流量 Q に等しい．

検査面 ABCD の流体は時間 δt で検査面 A′B′C′D′ に移動すると仮定する．ここで，2.8.1 項で述べられたと同様に，角運動量の増加は共通部分 A′B′CD がキャンセルし合うので，検査面 DCC′D′ に含まれる角運動量から検査面 ABB′A′ のそれを差し引いたものに等しい．したがって，角運動量の増分は

$$\begin{aligned}&\boldsymbol{r}_2 \times (\rho Q \delta t \boldsymbol{u}_2) - \boldsymbol{r}_1 \times (\rho Q \delta t \boldsymbol{u}_1)\\&= \rho Q \delta t (r_2 u_2 \sin\theta_2 - r_1 u_1 \sin\theta_1)\end{aligned} \tag{2.69}$$

となる．ここで，$\theta_i\,(i=1,2)$ は動径ベクトル $\boldsymbol{r}_i$ と $\boldsymbol{u}_i$ とのなす角度である．角運動量のベクトルの向きは，反時計回りが正となるようにとった．

つぎに検査面 ABCD にはたらく力のモーメントについて議論する．法線ベクトル $\boldsymbol{n}$ は圧力が検査面の外から内にはたらく向きにとる．圧力による力のモーメントは，

$$\int_{S_1} \boldsymbol{r}_1 \times p_1 \boldsymbol{n}_1 ds - \int_{S_2} \boldsymbol{r}_2 \times p_2 \boldsymbol{n}_2 ds + \int_{S'} \boldsymbol{r}_{s'} \times p_{s'} \boldsymbol{n}_{s'} ds \tag{2.70}$$

となる．ここで，S' は検査面 ABCD の側面を示す．圧力以外の面積力 $\boldsymbol{F}$ がは

たらけば，その力のモーメント

$$\int_S \boldsymbol{r} \times \boldsymbol{F} ds \tag{2.71}$$

が追加される．ここで，S は検査面 ABCD の表面とする．重力による力のモーメントは，

$$\int_V \boldsymbol{r} \times \rho \boldsymbol{g} dv \tag{2.72}$$

である．ここで，$\boldsymbol{r}$ は原点 O から微小な体積要素 dv までの動径ベクトルとする．

これらの力による力のモーメントが時間 δt 作用し続けた量が角運動量の増加分に等しい．したがって流れが定常であるならば，

$$\begin{aligned}
&\rho Q(r_2 u_2 \sin\theta_2 - r_1 u_1 \sin\theta_1)\delta t \\
&= \left(\int_{S_1} \boldsymbol{r}_1 \times p_1 \boldsymbol{n}_1 ds - \int_{S_2} \boldsymbol{r}_2 \times p_2 \boldsymbol{n}_2 ds \right. \\
&\quad \left. + \int_{S'} \boldsymbol{r}_{s'} \times p_{s'} \boldsymbol{n}_{s'} ds + \int_S \boldsymbol{r} \times \rho \boldsymbol{F} ds + \int_V \boldsymbol{r} \times \rho \boldsymbol{g} dv \right) \delta t
\end{aligned} \tag{2.73}$$

となる．

2.9.2 角運動量保存則の例題—遠心ポンプ内の流れ

角運動量の保存則の応用として，**遠心ポンプの原理**について考える．ここでは，図 2.24 に示されるような直線放射状の多数の翼をもつ水平に置かれた簡単なポンプのモデルをとりあげる．ポンプの中心軸の上方からその中心部に単位時間あたり流量 Q の水を導く．その水を角速度 ω で回転している翼をもつ半径 a のポンプに送る．水はポンプ中心付近で放射状に流れ込み，遠心力によりポンプ外周で勢いよく外側に噴出するものとする．

角運動量の保存を考える検査面として，図 2.24 の実線で示されるように軸方向に単位長さにとった半径 a の円柱（検査面 C_a とする）を考える．その検査面にある流体は時間 δt 内で破線で示される C_i' と C_o' とで囲まれる円環の検査面に移動するものとする．

まず 2.9.1 項で取り扱われたように，C_i' と C_a とで囲まれた共通の円環部分に含まれる角運動量はキャンセルし合うので，角運動量の増加は C_a と C_o' と

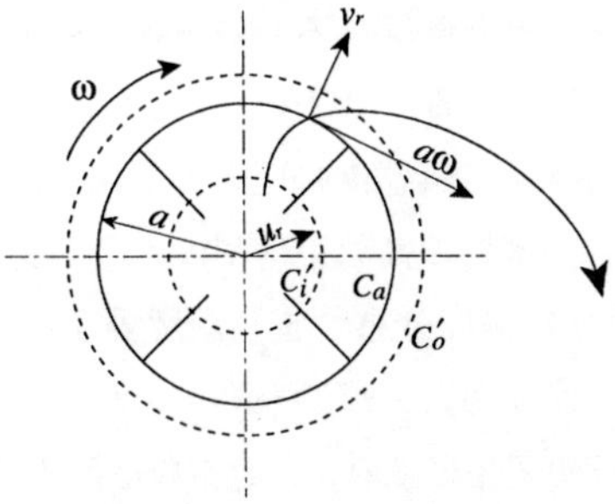

図 **2.24** 遠心ポンプ内流れ

の円環部分の角運動量から円 C_i' に含まれるそれを差し引いたものである．円 C_i' の角運動量は，そこでの速度がほぼ半径方向なので角運動量には無関係で，0 とみなせる．ポンプ外周部の速度は翼の回転による周方向の速度成分 $a\omega$ と遠心力によって跳ね飛ばされる半径方向の速度成分 v_r との合成ベクトルである．しかし，角運動量に寄与するのは周速度成分だけである．翼から噴出する質量流量は，質量保存則から吸い込み質量 $\rho Q\delta t$ に等しい．よって，C_a と C_o' との円環部分の角運動量は

$$a \cdot \rho Q\delta t \cdot a\omega = \rho Qa^2\omega\delta t \tag{2.74}$$

となる．時刻 t について検査面 C_i' 内部に含まれる角運動量は 0 なので，式 (2.74) が角運動量の増加である．

つぎに，力のモーメントについて考える．まず，翼の外周部の大気圧による力のモーメントが考えられるが，これは検査面 C_a に半径方向にはたらくので，角運動量には無関係となる．したがって，翼を回転させる回転軸のトルクを T とすれば，

$$\rho Qa^2\omega\delta t = T\delta t \tag{2.75}$$

が成立する．よって，トルク T で回転させる遠心ポンプは，単位時間あたり $Q = T/\rho a^2\omega$ の水を吐き出す．

【演習問題】

問題 2.1 密度 ρ（空気と同程度とする）のガスが容器に封入されている．その圧力 p を知るために，ガス容器と水がはいった U 字形のガ

ラス管（マノメータと呼ばれる）の一端とをチューブで接続し，他端は大気圧 p_∞ に開放する．マノメータの水の密度を ρ' とし，その水面の高低差を h とする．容器内の圧力 p を求めよ．マノメータの液体を水銀にした場合，液面の高低差はどのようになるか．

問題 2.2　流れに温度分布つまり温度場 $T = T(x, y, t)$ が与えられているとする．流体要素が速度 (u, v) で流れているとき，その流れに沿って温度の時間変化を求めよ．定常な温度場 $\partial T/\partial t = 0$ とはどのような状態なのかを説明せよ．

問題 2.3　原点をのぞいて速度 $(u = x/(x^2 + y^2),\ v = y/(x^2 + y^2))$ が与えられているとする．速度ベクトルの分布を描け．連続の式を満たすかを調べよ．また，流体の加速度を求めよ．

問題 2.4　トリチェリーの定理で説明された図 2.17 で水の出口 B の断面積を S とする．タンクの水位を z，全体の体積を $V(z)$ とする．水位 z は $V'(z)dz/dt = -S\sqrt{2gz}$ を満たすことを示せ．また，図 2.17 のタンクが半径 a の円柱で初期水位が $z(0)$ として，水位 $z(t)$ を求めよ．

問題 2.5　水平におかれた平板に対して角度 θ で斜めに噴流が衝突し，その後平板に沿って 2 つに分かれて流れ去るとする．図 2.25 で示されるように，密度を ρ，流量を Q および流速を u とする．平板にはたらく力を求めよ．

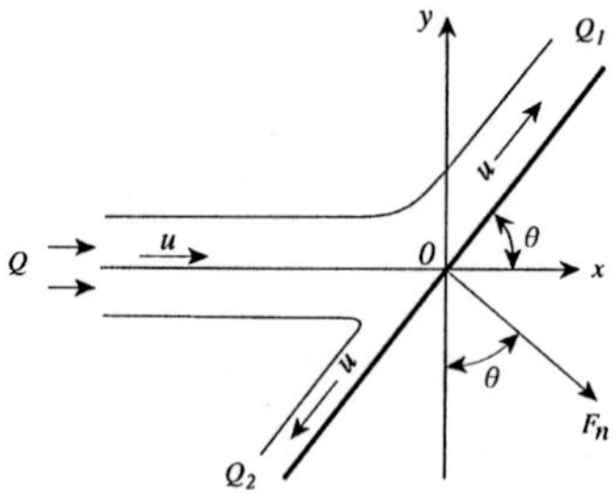

図 2.25　斜め平板に衝突する流れ

3. 完全流体の流れ

粘性の効果を無視した流体は理想流体や完全流体と呼ばれる．それは，実在の流体では粘性があるからである．しかし，理想流体や完全流体の流れは，多くの場合に現実とかけ離れた流れではなく，流れを理解する上で大切な流れである．航空機の翼について考えてみよう．航空機は翼により支持されており，翼にはたらく空気力を知ることがその設計上最も重要な問題である．そこで翼まわりの流れを翼に座標系を固定して考えると，図 3.1 のような流れになる．この流れは翼から十分離れたところでは，一様な流れになっており，また，翼付近では翼によって流れの向きが変えられ，翼面に沿って流れている． 翼上面の流れが下面の流れに比べ流速が速くなっているため，翼上面の圧力が下面に比べ低く，この圧力差によって翼が上向きの力（揚力）を得ている．

翼から十分離れたところでは，一様な流れになっているので渦度は存在しない．3.8 節で述べるが，非粘性流体に関する渦の諸定理によって，粘性を無視すると，翼まわりの流れはいたるところ渦なしの流れになり，ベルヌーイ（Bernoulli）の式の定数が流れ場全体で一定になる．したがって，上に述べたように速度が大きくなると圧力が下がることになる．それでは，渦はどうして流体中に生じるのであろうか．また，粘性はどのようなところに影響を及ぼすのであろうか．粘性は翼表面近くの流速の空間的な変化によってその効果が現れる．粘性の効果は熱の伝導と相似な関係にあるので，熱の伝導という観点から説明できる．高温の翼が流体中に存在すると，熱は翼表面から流体中に伝わっていく．もし，翼が高速で移動すると，翼により温められた流体要素はすぐに後方に流され，熱の伝わる領域は薄い層に限定される（この粘性の影響する層を境界層と言う）．

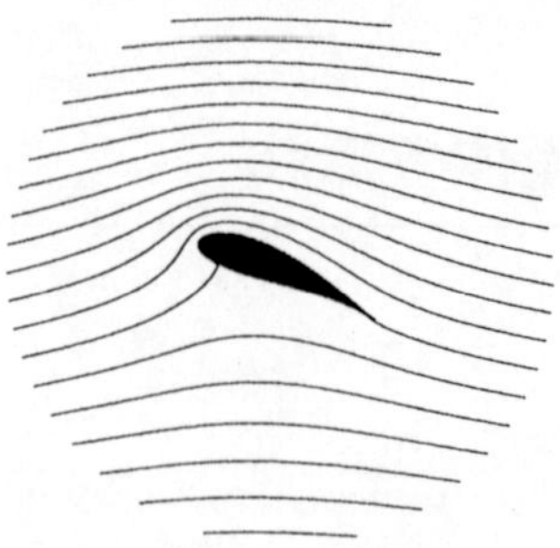

図 3.1　翼型まわりの流れ

つまり，渦度は翼の表面近くと後縁*[1]からの薄い層内に存在するだけで，流れの大部分は粘性のない理想流体または完全流体によってモデル化することが許される．本章ではこのような粘性を無視した非圧縮の流体の運動*[2]を取り扱う．

流動している流れの中に微小な流体要素を考える．この流体要素は流れとともに流されながら変形していく．この変形は，伸縮と回転で表現できる．川などの流れの中に小さな木片が流されている場合を想像しよう．この木片は流れとともに回転しながら流されていく．このような回転運動を流体力学では渦度を用いて表現する．したがって，前述の一様な流れでは回転運動がないので渦なし流れである．一方，弾性体に応力がはたらくと伸縮やせん断変形する．流体では変形が自由にできるので流体要素の伸縮やせん断変形速度（ひずみ速度）によって応力がはたらく．本書で取り扱っているニュートン流体では応力とひずみ速度が比例関係にあり，比例定数に相当するのが粘性係数である．

流体運動を支配している運動方程式は慣性力の概念を利用すると，

$$(\text{慣性力}) + (\text{粘性による力}) + (\text{圧力による力}) + (\text{重力などによる外力}) = 0$$

となり，完全流体は粘性係数が 0 とみなせる流体や「粘性による力」が他の力に比べて無視できるほど小さい場合の流れである．つまり，レイノルズ数（「慣性力」/「粘性による力」）が極めて大きい流れである．

---

*1)　翼型の後端を言う．

*2)　本章では流れ場全体で $\rho =$ 一定 の流れを取り扱う．

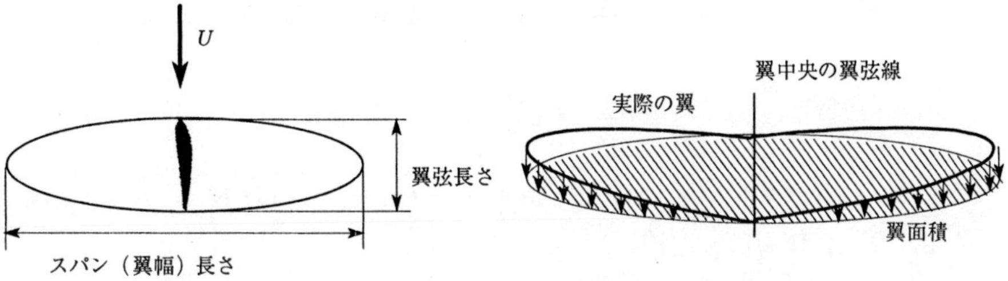

図 3.2　高アスペクト翼

3.1　2 次 元 流 れ

図 3.2 の左図は航空機の翼を上から見て水平平面に投影したものである（プランフォーム）．この翼の断面は上面が膨らみ下面が凹み，後方にいくにしたがって厚みが薄くなる，いわゆる翼の形をしている．これを**翼型**（または**翼形**）と言う．図 3.2 のように翼の長さ（**翼弦長さ**）と翼幅長さ（**スパン**または**スパン長さ**）との比（**アスペクト比**と言う，厳密にはアスペクト比 = (翼面積)/(翼弦長さ)^2）の大きな翼では，翼の幅方向の流れは無視できるほど小さくなる．したがって，各断面の流れがほぼ同じとなるので，断面まわりの流れだけを考えてもよい．このような流れを **2 次元流れ**と言う．

翼型を利用したものは航空機ばかりでなく，送風機や風車などのターボ機械に多く利用されている．このような機械を設計するには翼型の揚力や抵抗，および翼まわりの流れを知ることが必要である．そこで，本節では，翼型などの 2 次元物体にはたらく力を求めるための方法*1) と物体まわりの流れを知るための基礎について述べる．

2 次元流れを支配している基礎方程式は，連続の式とオイラーの運動方程式である．連続の式は次のようになる．

$$\frac{\partial u}{\partial x}+\frac{\partial v}{\partial y}=0. \tag{3.1}$$

オイラーの運動方程式は次のようになる．

*1)　抵抗を知るためには，さらに，境界層理論などが必要である．

$$\frac{\partial u}{\partial t} + u\frac{\partial u}{\partial x} + v\frac{\partial u}{\partial y} = -\frac{1}{\rho}\frac{\partial p}{\partial x} + K_x, \tag{3.2}$$

$$\frac{\partial v}{\partial t} + u\frac{\partial v}{\partial x} + v\frac{\partial v}{\partial y} = -\frac{1}{\rho}\frac{\partial p}{\partial y} + K_y. \tag{3.3}$$

ここで，位置ベクトル $\boldsymbol{x} = (x, y)$，速度 $\boldsymbol{u} = (u, v)$，体積力 $\boldsymbol{K} = (K_x, K_y)$ である．また，圧力は p，密度は ρ である．

これらの式は微分形で与えられているので，流れを求めるには初期条件と境界条件が必要である．流れを求めるとは，ある時刻における空間の速度分布や圧力分布を求めることを意味している．したがって，非圧縮性流体では密度 ρ は与えられているので，これらの式 (3.1)～(3.3) の未知関数は速度ベクトル (u, v) と圧力 p である．

そこで，未知関数の 1 つ p をこれらの式から消去することにする．つまり，式 (3.3) の両辺を x で偏微分し，式 (3.2) の両辺を y で偏微分したものを差し引く．この結果，式 (3.1) を利用すると渦度に関する基礎方程式が導かれる．

$$\frac{\partial \omega}{\partial t} + u\frac{\partial \omega}{\partial x} + v\frac{\partial \omega}{\partial y} = 0, \tag{3.4}$$

$$\omega = \frac{\partial v}{\partial x} - \frac{\partial u}{\partial y}. \tag{3.5}$$

ただし，外力は保存力（$K_x = -\frac{\partial \Omega}{\partial x}$，$K_y = -\frac{\partial \Omega}{\partial y}$，$\Omega$ はポテンシャル）とした．渦度 $\boldsymbol{\omega}$ は極ベクトルで，2 次元流れでは $\boldsymbol{\omega} = (0, 0, \omega)$ である．

【例題】 渦度 ω は微小流体要素の回転を表現していて，その大きさは回転角速度の 2 倍である．

【略解】 いま，流体中に図 3.3 のような微小な矩形要素を考える．各辺の長さは δx と δy とする．このとき，この要素の周囲を C とし次の積分を考えてみよう．

$$\delta\Gamma = \int_C u_s ds.$$

ただし，u_s は閉曲線上の接線方向速度成分で ds はその方向の微小量である．辺 A_1A_2 では $u_s = u - \frac{1}{2}\frac{\partial u}{\partial y}\delta y$，辺 A_3A_4 では $u_s = -u - \frac{1}{2}\frac{\partial u}{\partial y}\delta y$，辺 A_1A_4 では $u_s = -v + \frac{1}{2}\frac{\partial v}{\partial x}\delta x$，辺 A_2A_3 では $u_s = v + \frac{1}{2}\frac{\partial v}{\partial x}\delta x$ である．したがって，$\delta\Gamma$ は容易に求められる．

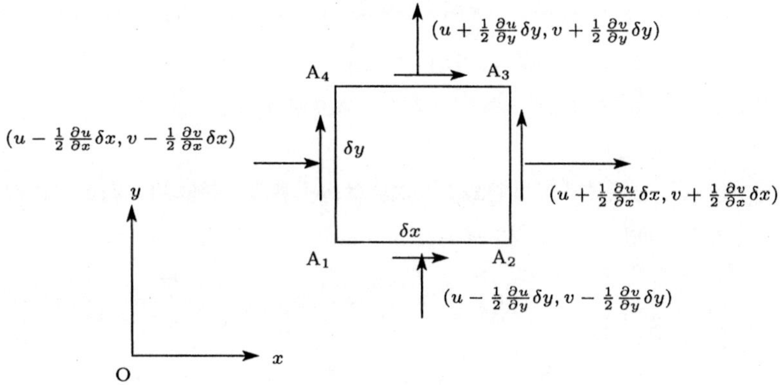

図 3.3 微小矩形要素

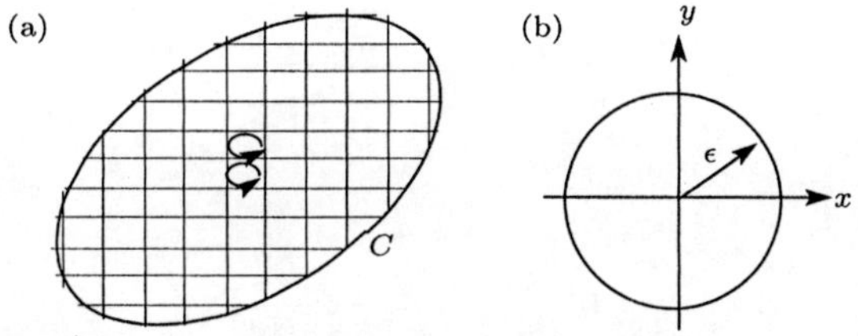

図 3.4 閉曲線まわりの積分と微小要素

$$\delta\Gamma = \omega\delta x\delta y.$$

図 3.4 のように任意の閉曲線 C をとり，C に囲まれた領域を小さな矩形要素で埋めつくす．各微小要素に上の結果を用い，それを加え合わせる．閉曲線内部の各要素の辺に沿う積分は隣の矩形要素の積分とで積分の向きが正負となり，キャンセルされる．したがって，閉曲線 C に沿う積分だけが残ってくる．この結果，任意の閉曲線 C について次の公式が得られる．

$$\Gamma = \int_C u_s ds = \int_S \omega dS.$$

ただし，S は閉曲線 C を囲む領域で，$dS = dxdy$ である．この Γ を**循環**と呼び，上式を**ストークス (Stokes) の公式**と言う．

ここで，ある点まわりの微小な円要素（半径 ϵ）を考える (図 3.4 b)．この円要素がその中心を軸として回転しているとし，その角速度を Ω とする．このとき，C としてこの円要素をとると，C 上での周速度は $\Omega\epsilon$ である．したがって，$\Gamma = \int_C u_s ds = 2\pi\epsilon^2\Omega$

となる．一方，$\Gamma = \int_S \omega dS = \omega \int_S dS = \pi\epsilon^2\omega$ となり，$\omega = 2\Omega$ が得られる．ここで，注意しておくが，微小円要素が平行移動していても，その平行移動成分は Γ には効いてこない．したがって，一般に上の議論が成り立つ．□

図 3.1 に示した線群は流線である．**流線**は線上各点の接線の方向が流体の速度ベクトルの方向になるように描いたものである．この線群の 1 つを

$$\psi(x,y) = \psi_o = 一定,$$

としよう．上式から y を求め，それを $y = f(x)$ とする．流線の定義から $u \neq 0$ とすると

$$\frac{dy}{dx} = f'(x) = -\frac{\frac{\partial\psi}{\partial x}}{\frac{\partial\psi}{\partial y}} = \frac{v}{u},$$

となる．したがって，

$$u = C\frac{\partial\psi}{\partial y}, \quad v = -C\frac{\partial\psi}{\partial x},$$

が得られる．ここで，$C = 1$ として ψ を定義したものが**流れの関数**である．

$$u = \frac{\partial\psi}{\partial y}, \quad v = -\frac{\partial\psi}{\partial x}. \tag{3.6}$$

したがって，流れの関数を求め，その値を一定として線を描けば流線が得られる．

流れの関数が一定値をもつ 2 つの線を考えよう． この 2 つの線は流線であるので，この線を横切る流れはない．したがって，この 2 つの線間では，流量は同じである．これは連続の式を表現している．つまり，流れの関数による定義式 (3.6) を式 (3.1) に代入すると，容易に連続の式を満たしていることがわかる．つまり，流れの関数を導入すると連続の式は考えなくてよいことになる．

ここで定常流れを考えよう．先に述べた流線群は時間によって変化しない．しかも，流体粒子は $\psi =$ 一定 の線に沿って流れている．一方，式 (3.4) は $D\omega/Dt = 0$ であるので，流線に沿って ω が一定であることを意味している．このことをラグランジュ的に考えてみよう．無限前方で与えられた渦度 ω は $\psi =$ 一定 の線上に沿って ω の値を変えずに流れていることになる．このこと

は，渦度 ω は流れの関数 ψ の関数になっていることを意味している．このことを確かめてみよう．いま，$\omega = \omega(\psi)$ と表されると仮定する．このとき，次の関係が得られる．

$$\frac{\partial \omega}{\partial x} = \frac{d\omega}{d\psi}\frac{\partial \psi}{\partial x} = -v\frac{d\omega}{d\psi}, \quad \frac{\partial \omega}{\partial y} = \frac{d\omega}{d\psi}\frac{\partial \psi}{\partial y} = u\frac{d\omega}{d\psi}.$$

これらの関係から，式 (3.4) が恒等的に満足していることがわかり，$\omega = \omega(\psi)$ の仮定は正しいことになる．

そこで，流れの関数と渦度との関係式は式 (3.6) を式 (3.5) に代入すると，定常流れでは次のようになる．

$$\frac{\partial^2 \psi}{\partial x^2} + \frac{\partial^2 \psi}{\partial y^2} = -\omega(\psi). \tag{3.7}$$

2 次元流れでは，渦度 ω は流体粒子とともに運ばれその強さは変わらない．一様流中の翼型まわりの流れでは，渦度 ω が 0 のまま流体粒子とともに運ばれてくるので，いたるところ渦度が 0 になっている．このような流れを**渦なし流れ**と言う．これに対し，渦度のある流れを**渦あり流れ**と言う．渦なし流れでは，式 (3.7) の右辺が 0 であるので，次節で述べるように，速度ポテンシャルが存在する．したがって，**ポテンシャル流れ**とも言われる．渦あり流れでは，$\omega(\psi)$ は通常 ψ に関して 2 次式などで表現される．このため，渦あり流れでは個々の流れに対して工夫して解く必要がある．

3.2 渦なし流れ

本節では 2 次元渦なし流れについて述べる．

$$\frac{\partial v}{\partial x} - \frac{\partial u}{\partial x} = 0. \tag{3.8}$$

渦なし流れでは流体要素は回転運動しない．したがって，流体は連続の式 (3.1) と回転運動しない条件式 (3.8) との 2 つの制約の上で流れなければならない．2 つの未知関数 (u, v) に関する式が (3.1) と (3.8) との 2 つであり，これらの式から速度場 (u, v) を求めることができる．したがって，速度場を求める際には運動方程式が不要であることがわかる．

次に，(u, v) をある外力 $\boldsymbol{f}$ の成分とみなして考えてみよう．流れ場中で一周する任意の閉曲線を取り上げ，この閉曲線に沿ってその接線方向の $\boldsymbol{f}$ の成分を u_s として，その成分を一周積分する（前節の例題で述べた循環を求めることになる）．このとき，曲線で囲まれた内部では $\omega = 0$，つまり流体は回転運動していないので，閉曲線まわりの積分は 0 でなければならない．力学で言うところの保存力と同じ性質をもっている．このことから，ポテンシャル関数が存在する．つまり，渦なしの条件（$\omega = 0$）を恒等的に満たすような関数 ϕ が存在し，次式で定義される．この ϕ を**速度ポテンシャル**と言う．

$$u = \frac{\partial \phi}{\partial x}, \quad v = \frac{\partial \phi}{\partial y}. \tag{3.9}$$

この定義式を用いて，連続の式に代入すると簡単に次のラプラス (Laplace) の式が導かれる．

$$\frac{\partial^2 \phi}{\partial x^2} + \frac{\partial^2 \phi}{\partial y^2} = 0. \tag{3.10}$$

また，流れの関数もラプラスの式を満たすことがわかる（式 (3.7) 参照）．また，式 (3.6) と (3.9) から，ψ と ϕ との間には次の有名な**コーシー・リーマン (Cauchy-Riemann) の関係式**を満たす．

$$\frac{\partial \phi}{\partial x} = \frac{\partial \psi}{\partial y}, \quad \frac{\partial \phi}{\partial y} = -\frac{\partial \psi}{\partial x}. \tag{3.11}$$

【例題】ϕ と ψ の一定の曲線群はお互いに直交することを示せ．

【略解】$\phi =$ 一定 の曲線では，$d\phi = \frac{\partial \phi}{\partial x}dx + \frac{\partial \phi}{\partial y}dy = udx + vdy = 0$ である．このことから $\phi =$ 一定 の曲線の法線ベクトルは (u, v) となる．同様に，$\psi =$ 一定 の曲線は $d\psi = \frac{\partial \psi}{\partial x}dx + \frac{\partial \psi}{\partial y}dy = -vdx + udy = 0$ となり，この曲線の法線ベクトルは $(-v, u)$ となる．したがって，これらの 2 つの曲線の法線ベクトルは直交するので，元の曲線も直交する．□

それでは，このような渦なし流れでは，運動方程式 (3.2) と (3.3) はどのような役割をしているのであろうか．実は，もう 1 つの未知関数，圧力 p，を求めるために使われる．つまり，流れが決まると慣性力が定まり，この力と外力との合力に釣り合うように「圧力による力」が定まる．以下に，圧力を求めてみよう．

式 (3.2) と (3.3) は次のように書き換えられる．

$$\frac{\partial u}{\partial t}+u\frac{\partial u}{\partial x}+v\frac{\partial v}{\partial x}-v\omega=-\frac{1}{\rho}\frac{\partial p}{\partial x}-\frac{\partial \Omega}{\partial x},$$
$$\frac{\partial v}{\partial t}+u\frac{\partial u}{\partial y}+v\frac{\partial v}{\partial y}+u\omega=-\frac{1}{\rho}\frac{\partial p}{\partial y}-\frac{\partial \Omega}{\partial y}.$$

また，渦なし流れでは $\omega=0$ で，速度ポテンシャル ϕ が存在するので，上式から次のような関係が得られる．

$$\frac{\partial}{\partial x}\left(\frac{\partial \phi}{\partial t}+P+\Omega+\frac{1}{2}|\boldsymbol{u}|^2\right)=0,$$
$$\frac{\partial}{\partial y}\left(\frac{\partial \phi}{\partial t}+P+\Omega+\frac{1}{2}|\boldsymbol{u}|^2\right)=0.$$

ここで，$P=\int\frac{dp}{\rho}$ を導入*1) した．したがって，これらの式から

$$\frac{\partial \phi}{\partial t}+P+\Omega+\frac{1}{2}|\boldsymbol{u}|^2=F(t), \tag{3.12}$$

が導かれる．ただし，$F(t)$ は (x,y) に対して一定であるが，時間の関数である．この結果，式 (3.10) より ϕ が求められれば，上式を用いて圧力 p を求めればよい．上式は**拡張されたベルヌーイの式**または**圧力方程式**と言われる．

3.3　複素速度ポテンシャル

渦なしの 2 次元流れでは，前節の例題で述べたように ϕ と ψ が一定の曲線群は直交している．そこで，直交座標系 (x,y) に代わって新しい直交曲線座標系 (ϕ,ψ) を考えることができる．直交座標系における位置ベクトル (x,y) は複素変数 $z=x+iy$ を用いて表せる．直交曲線座標系での位置ベクトル (ϕ,ψ) も $f=\phi+i\psi$ として表せる．したがって，この f は z のみの関数として表現できると想像される．このことを調べてみよう．この複素関数 f を**複素速度ポテ**

---

*1)　$\frac{\partial P}{\partial x}=\frac{dP}{dp}\frac{\partial p}{\partial x}=\frac{1}{\rho}\frac{\partial p}{\partial x}$ である．

ンシャル[*1)] と言う.

関数 $f(z)$ は x と y の関数でもある点に注意すると次の関係が得られる.

$$\frac{\partial f}{\partial x} = \frac{df}{dz}\frac{\partial z}{\partial x} = \frac{df}{dz}, \tag{3.13}$$

$$\frac{\partial f}{\partial y} = \frac{df}{dz}\frac{\partial z}{\partial y} = i\frac{df}{dz}. \tag{3.14}$$

これらの式 (3.13) と (3.14) から df/dz を消去すると，$i\frac{\partial f}{\partial x} = \frac{\partial f}{\partial y}$ が得られる．また，$\frac{\partial f}{\partial x} = \frac{\partial \phi}{\partial x} + i\frac{\partial \psi}{\partial x}$ であり，$\frac{\partial f}{\partial y} = \frac{\partial \phi}{\partial y} + i\frac{\partial \psi}{\partial y}$ である．したがって，

$$i\left(\frac{\partial \phi}{\partial x} + i\frac{\partial \psi}{\partial x}\right) = \frac{\partial \phi}{\partial y} + i\frac{\partial \psi}{\partial y},$$

が得られる．両辺の実部と虚部を等しくおけば，コーシー・リーマンの関係式 (3.11) が導かれる．つまり，コーシー・リーマンの関係式を満たす ϕ と ψ が定義できれば，$f = \phi + i\psi$ は z のみの関数となる．したがって，複素変数の関数を上手く利用すれば，2 次元渦なし流れを求めることができる．

また，上の結果から複素速度ポテンシャル f と速度場との関係が導かれる．

$$w \equiv \frac{df}{dz} = u - iv. \tag{3.15}$$

ここで，w は**複素速度**と言う．

【例題】複素速度 $w = u - iv$ の u と $-v$ はコーシー・リーマンの関係式を満たすことを示せ．

【略解】連続の式 (3.1) と渦なしの式 (3.8) から，次の関係が得られる．

$$\frac{\partial u}{\partial x} = \frac{\partial(-v)}{\partial y}, \quad \frac{\partial u}{\partial y} = -\frac{\partial(-v)}{\partial x}.$$

---

*1) 複素関数を導入する利点は複素関数論の諸定理が利用できる点にある．2 次元に限っては，ベクトル表示に比べ複素表示は便利である．いま，$\boldsymbol{a} = (a_x, a_y)$ と $\boldsymbol{b} = (b_x, b_y)$ を考える．このベクトルの和は各成分の和でよいので，$\boldsymbol{a} + \boldsymbol{b} = (a_x + b_x, a_y + b_y)$ となる．また，内積および外積は $\boldsymbol{a} \cdot \boldsymbol{b} = a_x b_x + a_y b_y$，$\boldsymbol{a} \times \boldsymbol{b} = (a_x b_y - a_y b_x)\boldsymbol{e}_z$ である．一方，2 つの複素数 $z_a = a_x + ia_y$ と $z_b = b_x + ib_y$ の和は，$z_a + z_b = (a_x + b_x) + i(a_y + b_y)$ となり，ベクトルの和と同じ表現が得られる．積をとると $z_a z_b = (a_x b_x - a_y b_y) + i(a_x b_y + a_y b_x)$ となり，ベクトルの積とは異なる．
ベクトルの大きさは $\boldsymbol{a} \cdot \boldsymbol{a} = a_x^2 + a_y^2$ である．複素変数の場合には共役複素数 $z^* = a_x - ia_y$ を用いて，$zz^* = (a_x + ia_y)(a_x - ia_y) = a_x^2 + a_y^2$ から求められる．

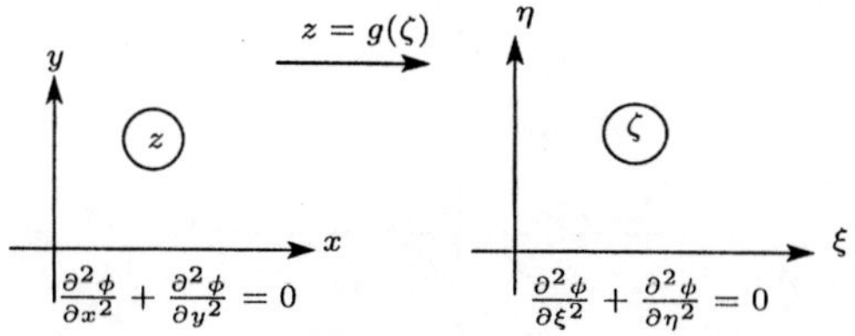

図 3.5 等角写像

したがって，u と $-v$ はコーシー・リーマンの関係式を満たので，w も z のみの関数として表すことができる．□

ここで，図 3.5 に示す正則な複素関数 $z = g(\zeta)$ が与えられたとしよう．2 次元渦なし流れでは速度場に運動学的な条件，連続の式と渦なしの式，のみによって定まる流れである．そこで，このような条件を ζ 面で課すことは z 面で条件を課したことになる．したがって，z 面での速度場は次式で求められる．

$$u - iv = \frac{df}{dz} = \frac{df}{d\zeta}\frac{d\zeta}{dz}. \tag{3.16}$$

このことを利用すると，z 面での複雑な流れも幾何学的に簡単な ζ 面で流れを考えると簡単に流れが求められる．

3.4 代表的な 2 次元流れ

2 次元物体形状が，前節で述べたように適当な複素関数 $g(z)$ を導入し，幾何形状の簡単な形状に変換できるとする．そうすればこの簡単な形状の物体まわりの流れを求めれば，当初の物体まわりの流れが求められたことになる．そこで，この簡単な形状として円を選ぶことにしよう．円柱は代表とする長さは半径（または直径）だけで，一番簡潔な形状である．そこで，円柱まわりの流れを考えるために，以下に代表的な流れの複素速度ポテンシャルを求めることにする．

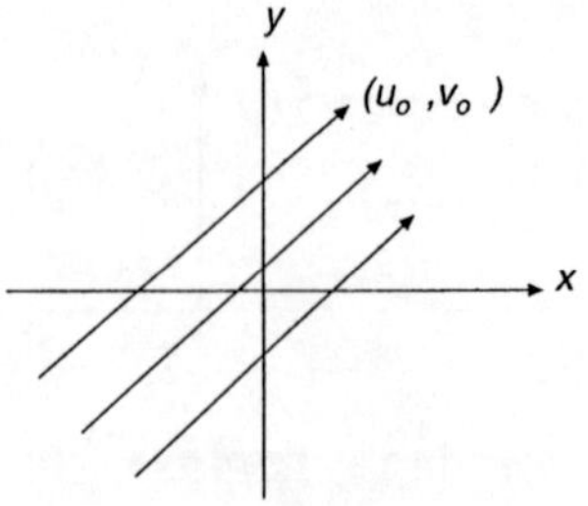

図 3.6 一様流

3.4.1 一 様 流

空間全体が一定の速度で流れている場合を**一様流**といい（図 3.6），速度場は次のように与えられる．

$$\boldsymbol{U} = (u_o, v_o). \tag{3.17}$$

ただし，u_o と v_o は空間的には一定で，時間的には変動してもよい．複素速度 w は次のようになる．

$$w = \frac{df}{dz} = u_o - iv_o. \tag{3.18}$$

この微分方程式を解くと複素速度ポテンシャル f が求められる．

$$f = (u_o - iv_o)z + C. \tag{3.19}$$

ただし，C は積分定数（一般的には複素数）である．速度場は流れの関数や速度ポテンシャルの微分形で定義されるので，この積分定数はどのように定めてもよい*1)．

3.4.2 湧き出しと吸い込み

図 3.7 のような大きな直径のタンクの中心から水を抜いている場合を想像しよう．このとき，水の速度は中心方向に向き，中心に近づくほど速くなっていると考えられる．いま，中心から半径 r における半径方向の速度成分を u_r とし，

*1) 本章では積分定数を 0 とする．

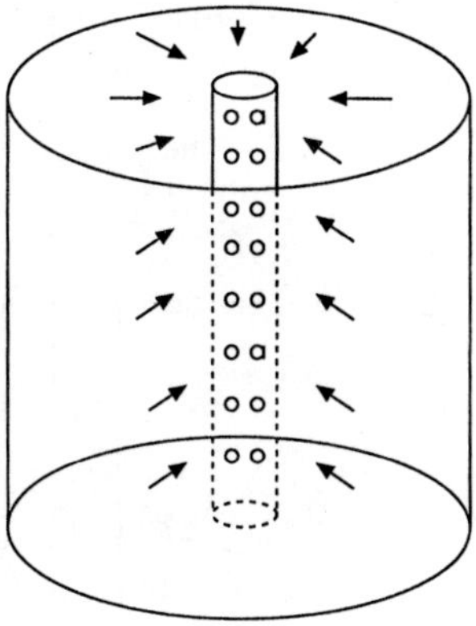

図 **3.7** 吸い込み流れ

吸い込まれる単位深さあたりの流量を Q とする．このとき，半径 r の周上から単位深さあたりの流入する流量も Q であるので，連続の関係より $2\pi r u_r = -Q$ となる．この結果，次の関係式が得られる．

$$u_r = -\frac{1}{2\pi}\frac{Q}{r}. \tag{3.20}$$

マイナスを付けたのは半径方向速度成分を正としたためである．この結果から，速度ベクトル (u, v) を求めると，次のようになる．

$$u = -\frac{1}{2\pi}\frac{Q}{r}\cos\theta = -\frac{Q}{2\pi}\frac{x}{r^2},$$
$$v = -\frac{1}{2\pi}\frac{Q}{r}\sin\theta = -\frac{Q}{2\pi}\frac{y}{r^2}.$$

したがって，複素速度 w は

$$w = \frac{df}{dz} = -\frac{Q}{2\pi}\frac{x-iy}{r^2} = -\frac{Q}{2\pi}\frac{z^*}{zz^*} = -\frac{Q}{2\pi}\frac{1}{z}, \tag{3.21}$$

となる．ここで，$r^2 = zz^*$ の関係を用いている（3.3 節の脚注参照）．

この方程式を解くと，複素速度ポテンシャル f が導かれる．

$$f = -\frac{Q}{2\pi}\log z = -m\log z. \tag{3.22}$$

この流れを**吸い込み流れ**と言い，m は**吸い込みの強さ**と呼ぶ．

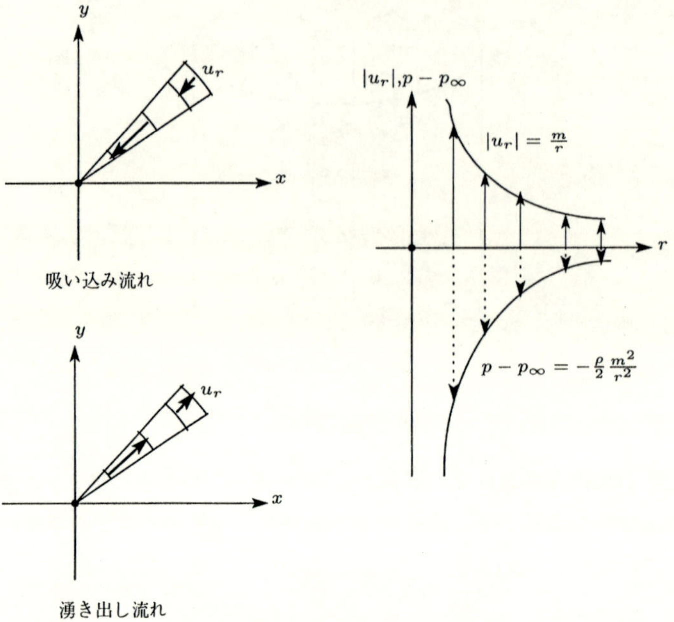

図 3.8　吸い込み流れと湧き出し流れ

もしもタンクの中心から水が湧き出していれば，u_r の向きが外向きになるので，同じようにして計算すると，

$$f = \frac{Q}{2\pi}\log z = m \log z, \tag{3.23}$$

が得られ，この流れを**湧き出し流れ**（または**吹き出し流れ**）と言い，m を**湧き出し**（**吹き出し**）**の強さ**と言う．

図 3.8 は吸い込みと湧き出し流れの概要を示している．圧力はベルヌーイの式 (3.12) から求める．これらの図からわかるように，流体要素は吸い込みでは半径方向に伸び，湧き出しでは縮む*1)．

---

*1)　ひずみ速度は $e_{rr} = \frac{\partial u_r}{\partial r} = -\frac{m}{r^2}$，$e_{\theta\theta} = \frac{u_r}{r} = \frac{m}{r^2}$ で，ひずみ速度が 0 ではない．ただ，これらのひずみ速度による流体要素にはたらく粘性力は $rdrd\theta\mu\left(\frac{\partial}{\partial r}(re_{rr}) - e_{\theta\theta}\right) = 0$ であり，流れ場のいたるところで釣り合った状態で流れている．

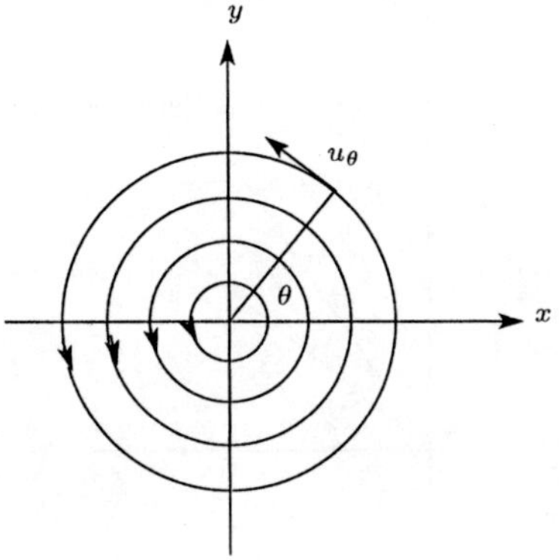

図 **3.9**　回転する流れ

3.4.3　渦　　糸

図 3.9 のような原点中心に回転している定常の流れを取り上げる．このような回転する流れには渦なし流れと渦あり流れがある．ここでは渦なし流れを取り扱う．この場合，ベルヌーイの式 (3.12) から*1)

$$\frac{1}{2}(u^2 + v^2) + P + \Omega = 一定. \tag{3.24}$$

次に，速度の関数形を遠心力と圧力による力の釣り合いの式を利用して求めよう．図 3.10 に示した流体要素にはたらく遠心力は $\rho r dr d\theta \frac{u_\theta^2}{r}$ *2)，圧力による力は $r dr d\theta \frac{\partial p}{\partial r}$ であるので，力の釣り合いより次式が得られる．

$$\frac{1}{\rho}\frac{\partial p}{\partial r} = \frac{u_\theta^2}{r}. \tag{3.25}$$

u_θ は回転する流れの周速度である．一方，式 (3.24) を r で微分すると*3)，次式が容易に得られる．

$$\frac{1}{\rho}\frac{\partial p}{\partial r} = -u_\theta \frac{du_\theta}{dr}. \tag{3.26}$$

*1)　流れが定常であるので，$\frac{\partial \phi}{\partial t} = 0$ が成り立つ．

*2)　座標系を慣性系にとると，円運動する場合の求心加速度 $\frac{u_\theta^2}{r}$ と圧力による力から，半径方向の運動方程式を導くと式 (3.25) が導出される．

*3)　ここでは外力はないとしているので，$\Omega = 0$．また，$\frac{\partial P}{\partial r} = \frac{\partial P}{\partial p}\frac{\partial p}{\partial r} = \frac{1}{\rho}\frac{\partial p}{\partial r}$ から導かれている．

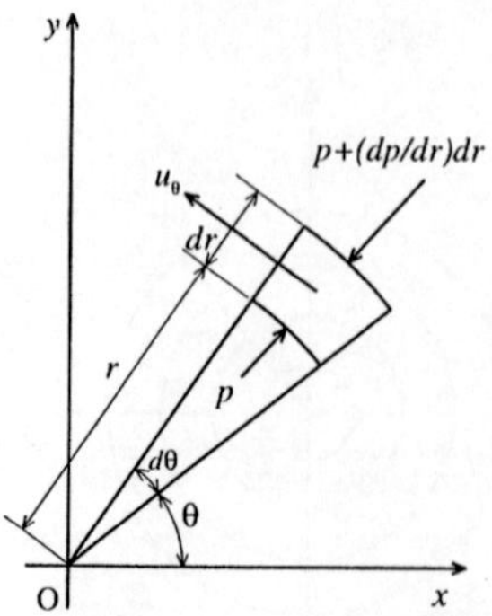

図 3.10 力の釣り合い

したがって，これら 2 つの関係式から次の微分方程式が得られる．

$$\frac{du_\theta}{dr} = -\frac{u_\theta}{r}. \tag{3.27}$$

この式を解くと，

$$u_\theta = \kappa\frac{1}{r}, \tag{3.28}$$

となる．κ は積分定数である．このように，渦なし流れでは周速度は半径に反比例していることがわかる．大まかなことで言えば，台風の目から遠くなるほど風の速度が小さくなっていることに対応している．次に，この結果から複素速度を求めよう．

$$\begin{aligned} w = \frac{df}{dz} &= u - iv = \kappa\left(-\sin\theta - i\cos\theta\right)\frac{1}{r} \\ &= \kappa\frac{-y-ix}{r^2} = -i\kappa\frac{z^*}{zz^*} = -i\kappa\frac{1}{z}. \end{aligned} \tag{3.29}$$

さらに，この式を積分すると次の結果が得られる．

$$f = -i\kappa\log z. \tag{3.30}$$

この流れを図 3.11 に示すが，原点に特異性[*1] をもつ流れで，原点付近では

*1) $|w| \to \infty$ $(r \to 0)$

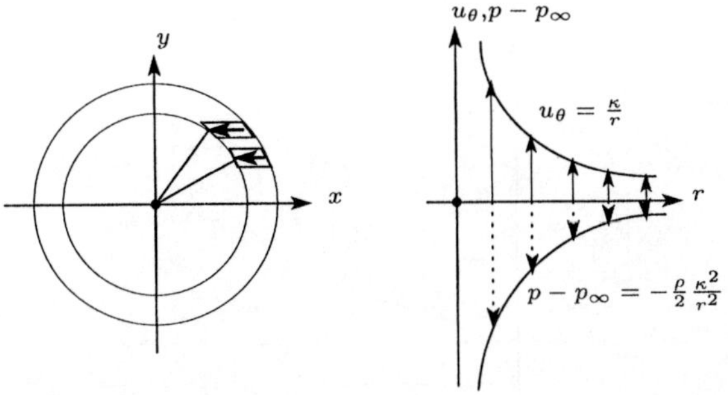

図 3.11 渦なし流れ

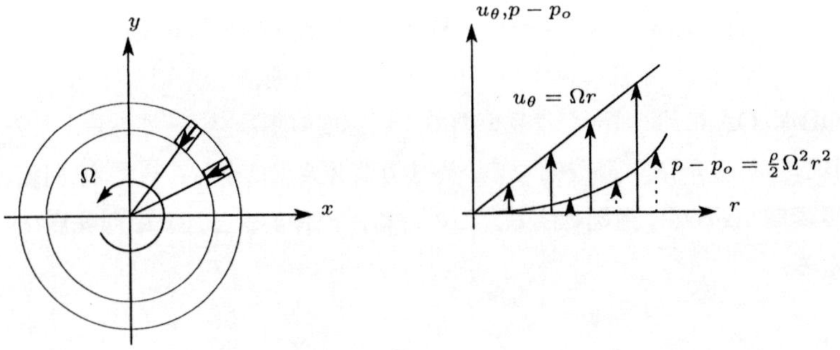

図 3.12 渦あり流れ

非常に大きな角速度で回転している流れとなっている．また，式 (3.24) からベルヌーイの式の定数は原点を除いて一定である．式 (3.30) で表される流れを渦糸による流れと言う．静止した水面に長い円柱を水面に垂直に立て，円柱を一定の角速度で回転させ，円柱から十分に離れたところから円柱の外側の流れを観察すると，この渦糸による流れになっている．

図 3.12 は剛体回転する流れで渦あり流れである．この流れでは，ベルヌーイの定数は半径とともに変わる．周速度 $u_\theta = \Omega r$ とすると式 (3.25) から $\frac{\partial p}{\partial r} = \rho\Omega^2 r$ となる．したがって，$p = p_o + \frac{\rho}{2}\Omega^2 r^2 = p_o + \frac{\rho}{2}u_\theta^2$ が得られる．ただし，p_o は原点の圧力である．つまり，$\frac{1}{2}u_\theta^2 + \frac{p}{\rho} = \Omega^2 r^2 + \frac{p_o}{\rho}$ となり，ベルヌーイの式の定数は半径とともに変わる．

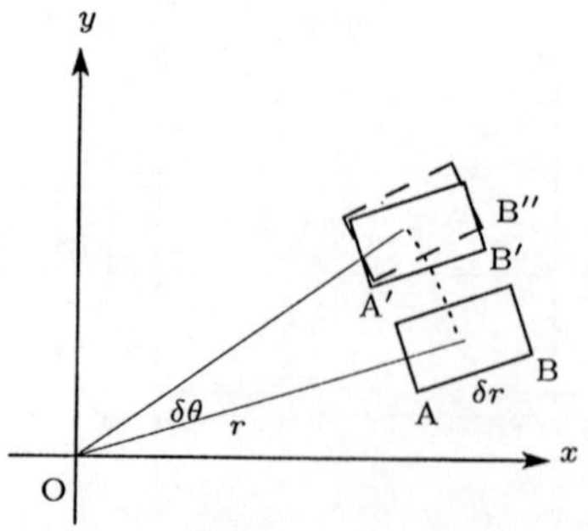

図 3.13　渦なし流れと回転

渦糸流れは原点を除いて渦なし流れで，流体要素は回転していない．この流れでは，図 3.13 に示すように AB が微小時間 δt 後には A′B′ となっていたとする．周速度が半径に逆比例するので，この時間後の偏角は $\delta\theta = \frac{\kappa}{r^2}\delta t$ となる．OB は OA に比べ δr だけ長いので，周速度の差は $\frac{\kappa}{r^2}\delta r$ である．したがって，B′B″ は $\frac{\kappa}{r^2}\delta r\delta t = \delta\theta\delta t$ となる．つまり流体要素は全体として $\delta\theta$ 回転し，流体要素間で $\delta\theta$ だけ逆回転する．このため，流体要素としては回転しないことになる．

3.4.4　円柱まわりの流れ

2 次元流れの基本となる円柱まわりの流れを求めることにする．図 3.14 のように，一様流 U 中に半径 c の円柱がある場合の流れを考える．まず，円柱から十分に離れた遠方では流れが一様流になっている．したがって，次のことがわかる．

$$f \approx Uz \quad (|z| \to \infty). \tag{3.31}$$

さて，円柱内部の流れをどのように考えるとよいであろうか．円柱全体を剛体の円柱棒のように考えると，円柱内部は静止していると考えられる．次に，円柱表面が極めて薄い膜で構成されていて，その内部は流体で満たされていると考えることもできる．このように，いろいろなケースが想定される．

ここでは，まず，極めて薄く張力が無視できる膜で円柱が構成され，円柱内

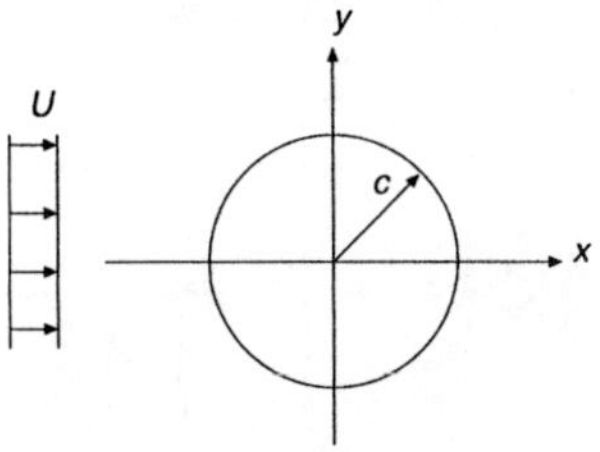

図 3.14　円柱まわりの流れ

部が同じ流体で満たされているとしよう．ここで，流れが上下対称と仮定する．すると，円柱の前方から一様流がやってきて，それが円柱の前端で流れが止められる．このように円柱前端付近で一様流の流速を小さくするような x 軸の負の方向の流れが円柱内部で流れている必要がある．代表的な流れは湧き出しである．一方，円柱後端付近では x 軸に負の方向の流れが円柱内部に必要であり，この代表的な流れは吸い込みである．そこで，円柱内部の流体の全量は同じであるので，これらの湧き出しと吸い込みの強さは同じで，m としよう．また，それらの位置を $(-a, 0)$ と $(a, 0)$ とする（図 3.15 参照）．この結果，次のような複素速度ポテンシャルが円柱内部に存在する可能性がある．

$$f = m\log(z+a) - m\log(z-a). \tag{3.32}$$

円柱まわりの流れがこれら 2 つの速度ポテンシャルの和として表現できるとして，m が求められるかについて検討してみよう．

$$f = Uz + m\log(z+a) - m\log(z-a). \tag{3.33}$$

円柱まわりの流れを表現するための境界条件は，**「円柱を横切って流体は流れない」**ことである．このことは，円柱表面での法線方向速度成分が 0 でなければならない．数式で表現すると次のようになる．

$$U\cos\theta + m\left(\frac{c+a\cos\theta}{c^2+a^2+2ac\cos\theta} - \frac{c-a\cos\theta}{c^2+a^2-2ac\cos\theta}\right) = 0. \tag{3.34}$$

この関係が θ にかかわらず成立する必要があるが，このままでは成立しない．ただ，a を c に比べ非常に小さいとすると，上式の分母が a/c で展開できるの

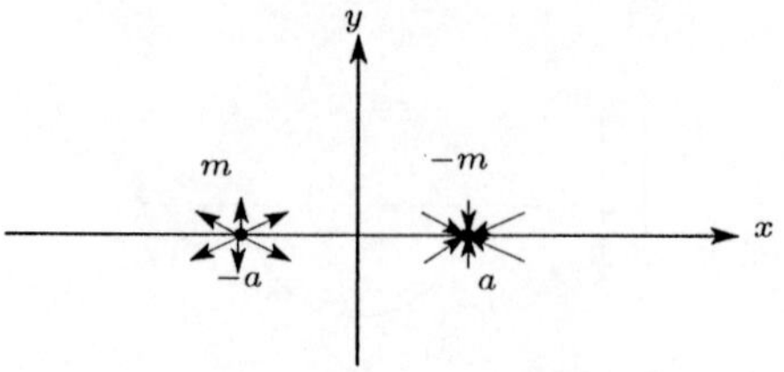

図 **3.15**　円柱内部の流れのモデル化

で可能性がある．そこで，a/c を微小として展開すると次のようになる．

$$U\cos\theta - 2\frac{am}{c^2}\cos\theta + O\left(\left(\frac{a}{c}\right)^2\right) = 0.$$

上式の $O((a/c)^2)$ は,「$(a/c)^2$ 以上の項」を意味している．したがって，a/c を微小とするとこれらの項は無視できる．am を

$$am = \frac{U}{2}c^2, \tag{3.35}$$

とすると，θ にかかわらず式 (3.34) が成立する．

さて，この場合，複素速度ポテンシャル f は，式 (3.33) から a を微小として求めると次のようになる．

$$f = Uz + m\log\frac{1+a/z}{1-a/z} \approx Uz + 2ma\frac{1}{z} + O(a^2).$$

したがって，式 (3.35) を利用すると，円柱まわりの複素速度ポテンシャル f は次のようになる．

$$f = U\left(z + \frac{c^2}{z}\right). \tag{3.36}$$

ここで，$\frac{1}{z}$ で表現できる流れを **2 重湧き出し**または**ダブレット**と呼ぶ．2 重湧き出しには向きがあり，吸い込みから湧き出しの方向である．

ここで，式 (3.36) の結果を再度考察しよう．円柱のない場合の複素速度ポテンシャル f_1 は式 (3.31) で与えられている ($f_1 = Uz$)．これが式 (3.36) の右辺の第 1 項である．第 2 項は $U\frac{c^2}{z} = \left(U\frac{c^2}{z^*}\right)^*$ である．したがって，式 (3.36) は

次のような表現になっている．

$$f = f_1(z) + f_1^*\left(\frac{c^2}{z^*}\right). \tag{3.37}$$

一般に，円柱まわりの流れの複素速度ポテンシャルは，円柱のない場合の流れの複素速度ポテンシャル $f_1(z)$ が求められれば，上式 (3.37) から円柱まわりの流れが求められる．これを**円定理**と言う*1)．

【例題】円柱が静止流体中を速度 $U(t)\boldsymbol{e}_1$ で移動している場合の複素速度ポテンシャルを求めよ．

【略解】座標系として静止座標（絶対座標）(x, y) と円柱の中心に原点を置く相対座標 (X, Y) を考えよう．移動速度が $U(t)$ で与えられているので，

$$x = X + \int_0^t U(\tau)d\tau, \quad y = Y.$$

ところが，渦なし流れでは渦なしの条件と連続の式から複素速度ポテンシャルを構成することができ，これら2つの関係式は時間微分を含んでいないため，相対座標でも静止座標でも同じ関係式になる．したがって，相対座標系での複素速度ポテンシャルを求めればよいことになる．

ここで，境界条件について考えてみよう．ポテンシャル流れでは，円柱表面の法線方向の速度成分が拘束されており，接線方向成分は拘束されていない．そこで，法線方向成分を求めと，図 3.16 からわかるように，

$$u_n = U(t)\cos\theta.$$

一方，複素速度ポテンシャル $f_1 = Uz$ を考えてみる．複素速度ポテンシャルは $w_1 = \frac{df_1}{dz} = U$ であり，この複素速度ポテンシャルの円柱表面上での法線方向成分は $U\cos\theta$ となる．以上の考察から，一様流 V 中の円柱まわりの複素速度ポテンシャル $f_2 = V\left(z + \frac{c^2}{z}\right)$ を利用して本問題を解くことにする．この複素速度ポテンシャ

*1) たとえば，円柱外部の点 $z = z_o \quad (|z_o| > c)$ に湧き出し m がある場合の円柱まわりの流れは次のように求められる．$f_1(z) = m\log(z - z_o)$ より，$f_1(c^2/z^*) = m\log\left(c^2/z^* - z_o\right)$ となる．したがって，$f_1^*(c^2/z^*) = m\log\left(c^2/z - z_o^*\right) = m\log\left(z - c^2/z_o^*\right) + m\log(-z_o^*) - m\log z$ となる．ここで，定数は任意に定められるので，省略すると，

$$f(z) = m\log(z - z_o) + m\log\left(z - \frac{c^2}{z_o^*}\right) - m\log z.$$

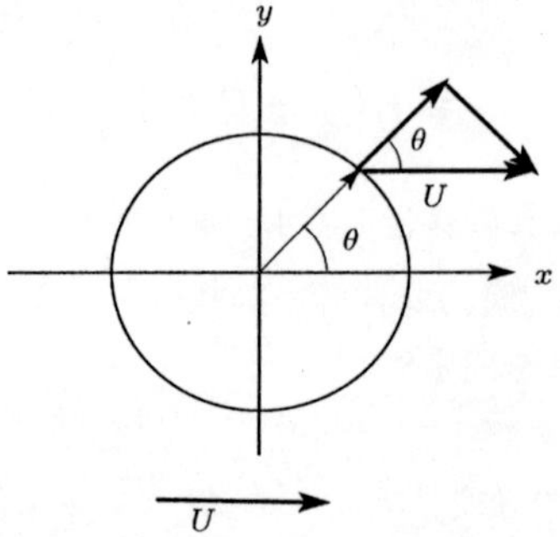

図 3.16 移動する円柱まわりの流れ

ルで表される流れでは，円柱表面の法線方向成分は 0 である．したがって，$f_1 + f_2$ は円柱表面の境界条件は満足している．ところが，静止流体中を運動しているので，無限遠方では速度が 0 でなければならない．

$$f = f_1 + f_2 \sim (V + U)z = 0, \qquad |z| \to \infty.$$

したがって，$V = -U$ となり，その結果，

$$f = -U(t)\frac{c^2}{z},$$

が得られる．ここで，z は $z = X + iY$．運動している円柱まわりの圧力を計算するときには，$X(= x - \int_0^t U(\tau)d\tau)$ が時間の関数であることを注意して，圧力方程式から圧力を求める．□

円柱表面が極めて薄い膜でできているとし，円柱内部も同じ流体で満たされている場合についての円柱まわりの流れが求められた．それでは，円柱が円柱棒のように剛体と考えた場合には，円柱外部の流れはどのようになるかについて検討してみよう．この場合，円柱内部の流れは 0 と考えられ，円柱表面の内外で速度差がある．この速度差を表現するには，図 3.17 のように円柱表面に渦糸が連続的に分布していると考えとよい．

このことを説明する前に，3.1 節の例題で述べた循環について説明する．いま，任意の閉曲線 C を考え，その閉曲線に沿ってその接線方向の速度成分の積分をとったものを**循環** Γ と言う．

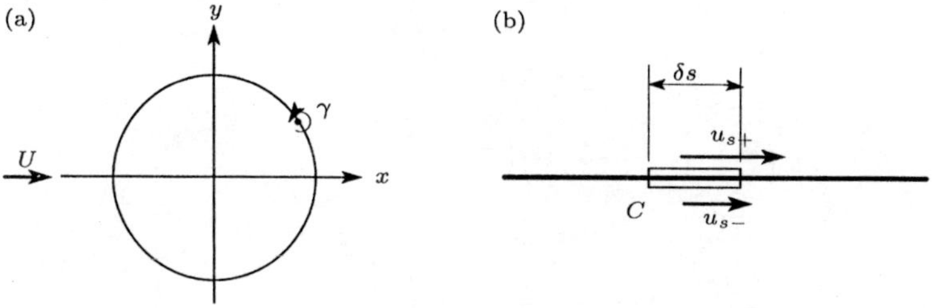

図 3.17　特異点分布と渦糸強さ

$$\Gamma = \int_C u_s ds = \int_C \boldsymbol{u} \cdot d\boldsymbol{s}. \tag{3.38}$$

上式では，$d\boldsymbol{s} = ds\boldsymbol{e}_s$ で，$\boldsymbol{e}_s$ は C 上の接線方向単位ベクトルである．この定義に従うと，渦糸の循環は $\Gamma = 2\pi\kappa$ である．

いま円柱表面上の微小長さ δs（図 3.17 b）を取り出し，この微小要素には渦糸が連続的に分布しているとする．このとき，単位長さあたりの渦糸の強さ κ による循環 γ は $\gamma = 2\pi\kappa$ である．循環は閉曲線の周速度の積分値として求められる．図 3.17 に示した閉曲線 C まわりの循環 $\gamma\delta s$ は，循環の定義から次のようになる．

$$\gamma\delta s = (u_{s+} - u_{s-})\delta s.$$

一方，式 (3.36) から円柱表面の速度は $(U(1-\cos 2\theta), -U\sin 2\theta)$，したがって，円柱表面の外部と内部の速度は $u_{s+} = -2U\sin\theta$ および $u_{s-} = 0$ となる．したがって，

$$\gamma = -2U\sin\theta.$$

この結果，複素速度ポテンシャル f は次のような積分形で与えられる．

$$f(z) = -\frac{ci}{2\pi}\int_0^{2\pi} \gamma(\theta)\log(z - ce^{i\theta})d\theta + Uz.$$

この式の γ に上式で求めた γ を代入して計算すると

$$f(z) = \frac{Uci}{\pi}\int_0^{2\pi} \sin\theta\left(\log z - \sum_{n=1}\left(\frac{c}{z}\right)^n \frac{e^{in\theta}}{n}\right)d\theta + Uz$$

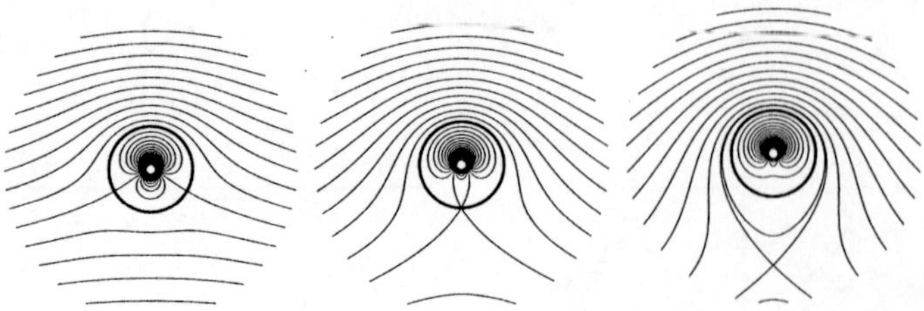

図 3.18 循環のある円柱まわりの流れ

$$= Uz + U\frac{c^2}{z}$$

となり式 (3.36) と一致する．ここで，$|z| > c$ では $\log(z - ce^{i\theta}) = \log z - \sum_{n=1} \left(\frac{c}{z}\right)^n \frac{e^{in\theta}}{n}$ を利用した．このように，円柱内部の流れをどのように考えても，円柱の外側の流れは同じになることがわかる．

剛体円柱が一定の角速度 Ω で回転している場合を考えてみよう．実在流体では，粘性によって円柱表面の流体の速度は円柱表面の速度と一致する．したがって，循環 Γ は $\Gamma = 2\pi c^2\Omega$ である．したがって，円柱まわりの流れは次のように求められる．

$$f = U\left(z + \frac{c^2}{z}\right) - i\kappa \log z. \tag{3.39}$$

ここで，$\kappa = \Gamma/2\pi = c^2\Omega$ である．

図 3.18 は κ に適当な値を入れて，流線を描いたものである．ただ，上の考察のように式 (3.39) の κ を回転速度 Ω と関係付け求めたが，完全流体では，円柱が回転していなくても $\kappa \neq 0$ の場合があり，何らかの付加的な条件を課さない限り κ を唯一に決めることはできない．

次に，この円柱にはたらく流体力を求めてみよう．粘性を無視しているので，圧力による力を求めることになる．圧力はベルヌーイの式 (3.12) から計算できる．無限遠方での圧力を p_∞ とすると，

$$p = p_\infty + \frac{\rho}{2}\left(U^2 - |\boldsymbol{u}|^2\right). \tag{3.40}$$

円柱にはたらく力を (X, Y) と定義すると，次の関係が容易に得られる（図 3.19）．

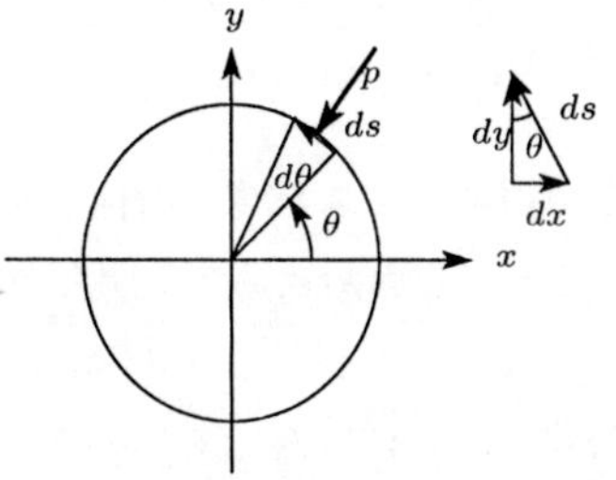

図 3.19 圧力による力

$$X = -\int_C p\cos\theta ds = -\int_C pdy,$$
$$Y = -\int_C p\sin\theta ds = \int_C pdx.$$

積分路 C は円柱表面にとる（図 3.19 参照）．これらの関係式から $X - iY$ は次のようになる．

$$X - iY = \int_C p(-dy - idx) = -i\int_C p(dx - idy)$$
$$= -i\int_C pdz^*.$$

上式に式 (3.40) を代入し，$\int_C dz^* = 0$ となることを利用すると次式が得られる．

$$X - iY = i\rho\int_C \frac{1}{2}|\boldsymbol{u}|^2 dz^*.$$

さらに，$|\boldsymbol{u}|^2 = u^2 + v^2 = |df/dz|^2$ を利用すると，上式は次のようになる．

$$X - iY = \frac{i\rho}{2}\int_C \left|\frac{df}{dz}\right|^2 dz^*.$$

円柱表面では法線方向速度成分は 0 であるので，円柱表面は流線になっている．したがって，$df = d\phi = df^*$．また，$|df/dz|^2 = (df/dz)(df^*/dz^*)$．したがって，上式は次のようになる．

$$X - iY = \frac{i\rho}{2}\int_C \frac{df}{dz}\frac{df^*}{dz^*}dz^* = \frac{i\rho}{2}\int_C \frac{df}{dz}df^* = \frac{i\rho}{2}\int_C \frac{df}{dz}df$$

$$= \frac{i\rho}{2}\int_C \left(\frac{df}{dz}\right)^2 dz. \tag{3.41}$$

積分路 C は円柱表面にとり計算してきたが，円柱を囲むような積分路であればどのようにとってもよいことが複素関数論から明らかにされている．また，この公式は任意の物体にも成立し，**ブラジウス (Blasius) の第 1 公式**と呼ばれる．**ブラジウスの第 2 公式**は物体にはたらく力のモーメント M に関するもので次のようになる．

$$M = -\text{実部}\left\{\frac{\rho}{2}\int_C \left(\frac{df}{dz}\right)^2 z dz\right\}. \tag{3.42}$$

ブラジウスの第 1 公式を利用すると，円柱まわりにはたらく力が計算できる．$df/dz = U(1 - c^2/z^2) - i\kappa/z$ を利用し，円柱表面では $z = c\exp(i\theta)$ であるので，

$$\begin{aligned} X - iY &= \frac{i\rho}{2}c^2\int_0^{2\pi}\left(U - U\exp(-2i\theta) - i\frac{\kappa}{c}\exp(-i\theta)\right)^2 \exp(i\theta)d\theta \\ &= 2\pi\rho Uc\kappa. \end{aligned} \tag{3.43}$$

したがって，抵抗 X は 0 となる．これを**ダランベール (d'Alembert) のパラドックス (背理)** と言う．また，揚力 Y は $Y = -2\pi\rho U\kappa = -\rho U\Gamma$ である．この結果は任意の物体に適用でき，**クッタ・ジューコフスキー (Kutta-Joukowski) の定理**と言う．

一様流中に円柱がある場合，実在流体では**抵抗**（流れの方向に受ける力）は 0 ではないことが実験や経験からわかっている．しかし，渦なし流れとして求めると抵抗が 0 になるのでこれをパラドックスと言っている．一方，円柱まわりに循環があると，揚力（流れに直交する方向の力には**横力**と**揚力**がある．揚力は重力と逆方向の力を通常言う）が存在し，簡単な式 $-\rho U\Gamma$ で求められる．これは，反時計方向の循環があると，円柱上面の流れが減速され，下面の流れが増速され，このため上面の圧力が上がり，下面の圧力が下がるために下向きの力が発生するからである．循環がないと揚力が出ないことになる．

3.5 ジューコフスキー変換

本節では平板翼まわりの流れを求めることにする．翼型の厚みが非常に小さい翼型は平板翼で近似できるので，翼型の代表として平板翼を取り扱う（図 3.21 参照）．

円柱まわりの流れが求められているので，平板を円柱に写像（**等角写像**）できる適当な正則関数 $g(\zeta)$ が求められると，平板まわりの流れを求めることができる．そこで，平板を円に写像できる関数を求めることにする．平板の上面を上半円弧に下面を下半円弧に写すことを考え，円の中心からの角度 θ を使う．平板は $x = 2a\cos\theta$，$y = 0$ で表せ，$0 < \theta < \pi$ が平板の上面，$\pi < \theta < 2\pi$ が下面となる．これを $\zeta = \exp(i\theta)$ を用いて表現すると，次のようになる．

$$x + iy = 2a\cos\theta = a\left(\exp(i\theta) + \exp(-i\theta)\right) = a\left(\zeta + \frac{1}{\zeta}\right).$$

このことから，関数 g として次式を考える．

$$z = \zeta + \frac{a^2}{\zeta}, \qquad a : \text{正定数}. \tag{3.44}$$

この変換を**ジューコフスキー (Joukowski) 変換**と呼ぶ．

この写像について詳しく調べてみよう．まず $\zeta = c\exp(i\theta)(c \geq a)$ とおき，上式 (3.44) に代入し，実部と虚部を等しくとる．

$$x = \left(c + \frac{a^2}{c}\right)\cos\theta, \quad y = \left(c - \frac{a^2}{c}\right)\sin\theta. \tag{3.45}$$

これらの式から，θ を消去すると，次の関係が得られる．

$$\frac{x^2}{(c + a^2/c)^2} + \frac{y^2}{(c - a^2/c)^2} = 1. \tag{3.46}$$

この式から，z 面では長半径 $c + a^2/c$，短半径 $c - a^2/c$ をもつ楕円を表していることがわかる（図 3.20 参照）．つまり，ζ 面での円（半径 c）が z 面では楕円になり，さらに，$z \to \infty$ は $\zeta \to \infty$ に対応するので，ζ 面の円の外部が z 面の楕円の外部に対応している．そこで，先の円柱まわりの流れの結果（式

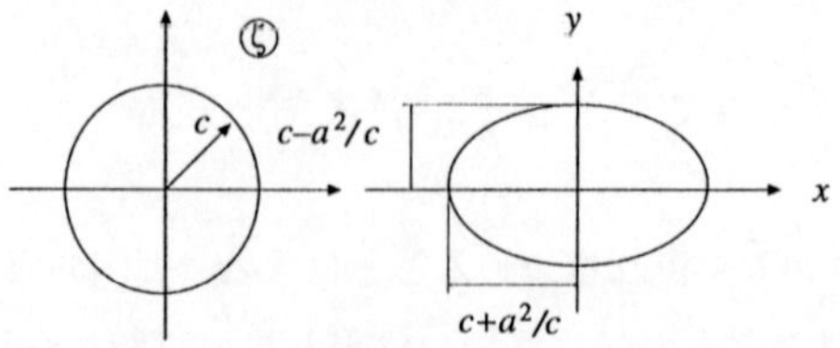

図 3.20 ジューコフスキー変換

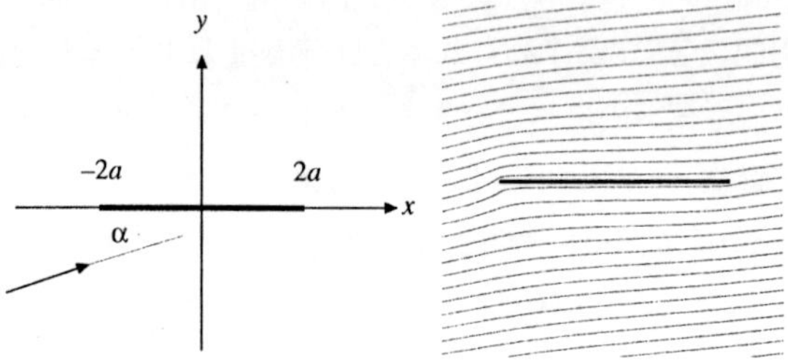

図 3.21 平板まわりの流れ

(3.39)）を用いると，一様流 U 中の楕円柱まわりの流れが求められる．

$$f(z) = U\left(\zeta + \frac{c^2}{\zeta}\right) - i\kappa \log \zeta. \tag{3.47}$$

ここで，流れを考えている面が z 面であるので，複素速度ポテンシャル f が z の関数である．したがって，複素速度は $df/dz = df/d\zeta \cdot d\zeta/dz$ として，式 (3.44) を利用して求める必要がある．ここで，特別の場合として，$c = a$ の場合を考えてみる．この場合，楕円柱が押しつぶされ，厚みが 0 で $-2a$ から $2a$ の平板になる（図 3.21 参照）．この場合も，複素速度ポテンシャルは式 (3.47) となる．次に，図 3.21 のように一様流が平板に対して α の角度をなす場合の複素速度ポテンシャルは次のようになる．

$$f(z) = U\left(\zeta \exp(-i\alpha) + \frac{a^2}{\zeta}\exp(i\alpha)\right) - i\kappa \log \zeta. \tag{3.48}$$

この流れは，ζ 面では実軸に対し角度 α となる一様流中の円柱まわりの流れである．したがって，ζ 面を角度 α だけ変えてやれば，一様流が実座標に沿って流れる場合になるので，上式は容易に導ける．

さて，平板の後端（**後縁**）の流れは，実験によると平板に沿って流れることが明らかにされている．このように，平板に限らず尖った後縁をもつ 2 次元物体では，流れが後縁に沿って流れる．これを**クッタ・ジューコフスキーの条件**または**仮定**（**クッタの条件**または**仮定**）と言う．

この条件を用いると，κ が決定できる．この条件は速度が後縁で無限大にならないことを意味している．そこで，速度を計算すると次のようになる．

$$\frac{df}{dz} = \frac{df}{d\zeta}\frac{d\zeta}{dz} = \frac{U\left(\exp(-i\alpha) - \frac{a^2}{\zeta^2}\exp(i\alpha)\right) - \frac{i\kappa}{\zeta}}{1 - \frac{a^2}{\zeta^2}}.$$

後縁での速度は $\zeta = a$ を上式に代入すれば求められるが，分母の $dz/d\zeta$ が 0 になり，速度が後縁で無限大（発散）になる．そこで，速度が後縁で発散しないためには，$\zeta = a$ で $df/d\zeta = 0$ でなければならない．この結果，

$$\kappa = -2aU\sin\alpha. \tag{3.49}$$

このように，クッタの条件を用いると循環 $\Gamma(= 2\pi\kappa)$ が決定できる．図 3.21 には，このクッタの条件を満たす場合の流線を示している．さらに，ブラジウスの公式を利用すると，平板にはたらく力が求められる．抵抗を D，揚力を L，モーメントを M とすると，次のようになる．

$$D = 0, \tag{3.50}$$

$$L = 4\pi\rho U^2 a\sin\alpha, \tag{3.51}$$

$$M = -2\pi\rho U^2 a^2 \sin 2\alpha. \tag{3.52}$$

M は平板の中心まわりのモーメントで，反時計方向を正としている．

Coffee Break

フレットナー船

流れに円柱が垂直におかれ，軸まわりに回転しているとき，この円柱には流

れと垂直方向に力（揚力）がはたらく．この効果を一般に**マグヌス効果**と呼んでおり，本文にあるように2次元ポテンシャル流れで考えた場合に円柱まわりに循環をおくことで揚力が生じると説明される．しかし実際にはこのような円柱まわりの流れは，ポテンシャル流れで表されるような流れとは異なり，円柱後方で流れがはく離している．このはく離する点が，回転の減速側と増速側で位置が異なっていることが原因である．一般には増速側の方が後方にあり，このため増速側で圧力が下がり，増速側方向へ力がはたらく仕組みである．増速側の境界層が層流を保ち，減速側で層流境界層が乱流に遷移するような場合には，力は逆方向にはたらく場合がある．このようにポテンシャル流れ（常に増速側方向に力がはたらく）の予測と異なり，実際の流れは複雑な流れである．ボールにスピンがかかって，飛行方向が横にそれたりするのも，ボール表面で流れがはく離する点が非対称となって，ボールの飛行方向と垂直な力の成分が生じるためである．

このマグヌス効果を船の推進器に応用した例がある．1924年にフレットナーが開発したロータ船で，船体に帆のように2本の円柱（直径4 m，高さ17 m）を垂直に立て回転させるもので，横からの風によって進行方向にマグヌス効果による力がはたらく．筆者らも模型を作って実験したことがあるが，なかなか高速で進むので，原理的には悪くないものである．しかしこの船は軸受けなどに維持費がかさみ，2隻が就航したあとは，実際には使われていない．

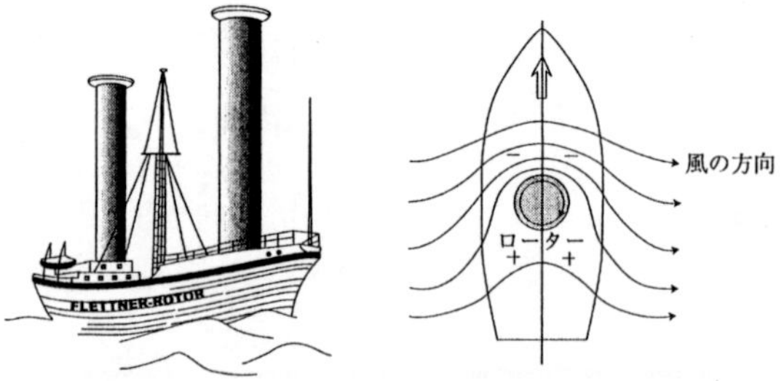

図 3.22 フレットナー船とマグヌス効果（吉田，1976）

3.6　3 次 元 流 れ

2 次元流れで指摘したように，渦なし流れの速度場は保存力の場と同じ性質をもっている．したがって，この速度場に対応するポテンシャル ϕ が 3 次元流れでも定義できる．それを**速度ポテンシャル**と呼ぶ．

$$u = \frac{\partial \phi}{\partial x}, \quad v = \frac{\partial \phi}{\partial y}, \quad w = \frac{\partial \phi}{\partial z}. \tag{3.53}$$

速度ポテンシャルの定義式を連続の式*1) に代入すると，速度ポテンシャルはラプラスの式を満たすことがわかる．

$$\frac{\partial^2 \phi}{\partial x^2} + \frac{\partial^2 \phi}{\partial y^2} + \frac{\partial^2 \phi}{\partial z^2} = 0. \tag{3.54}$$

渦なし流れでは，2 次元流れの場合と同様に，流体要素は回転することなく流れていく．このような運動学的な条件，連続の式と渦なしの条件，から流れの速度場が決められ，運動方程式は圧力場を決めるために用いられる．それでは，基礎方程式 (3.54) から，図 3.2 のような 3 次元の翼まわりの ϕ が求められるかと言うと，簡単ではない．2 次元流れのように複素関数が使えれば，この翼を球に変換する関数を見つけて，球まわりの流れを解析すればよいかもしれないが，3 次元に関しては複素関数のようなものが見つかっていない．また，航空機などの翼では，前節からわかるように翼断面（翼型）が循環をもっている．このため，3.8 節で述べる渦に関する諸定理によって，翼面以外の流れ場の中にも流れの不連続な面が生じる．このように，3 次元流れの解析は大変厄介になる．そこでまず，2 次元の場合と同様に代表的な流れを調べることにする．

---

*1)　3 次元流れの連続の式は

$$\frac{\partial u}{\partial x} + \frac{\partial v}{\partial y} + \frac{\partial w}{\partial z} = 0.$$

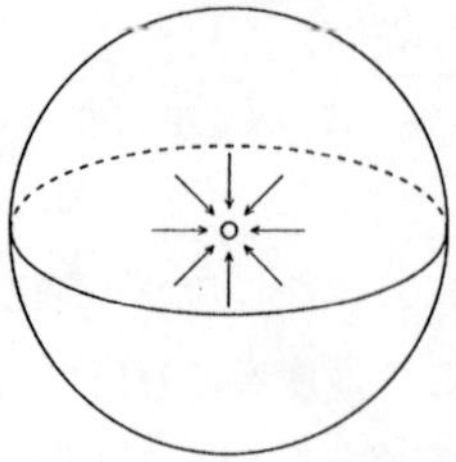

図 3.23 吸い込み流れ

3.7 代表的な 3 次元流れ

3.7.1 一　様　流

空間全体が一定の速度で流れている場合を**一様流**といい，速度場は次のように与えられる．

$$\boldsymbol{U} = (u_o, v_o, w_o). \tag{3.55}$$

ただし，u_o，v_o と w_o は空間的には一定で，時間的には変動してもよい．速度ポテンシャル ϕ は次のようになる．

$$\phi = u_o x + v_o y + w_o z + C. \tag{3.56}$$

ただし，C は積分定数．速度場は速度ポテンシャルの微分形で定義されているので，この積分定数はどのように定めてもよい．

3.7.2 湧き出しと吸い込み

図 3.23 のような大きな球形タンクの中心から水を抜いている場合を想像しよう．このとき，水の速度は中心方向に向き，中心に近づくほど速くなっていると考えられる．いま，中心から半径 r における半径方向の速度成分を u_r とし，吸い込まれる流量を Q とする．半径 r の球表面の面積は $4\pi r^2$ であるので，連続の関係から次の関係式が得られる．

$$u_r = -\frac{1}{4\pi}\frac{Q}{r^2}. \tag{3.57}$$

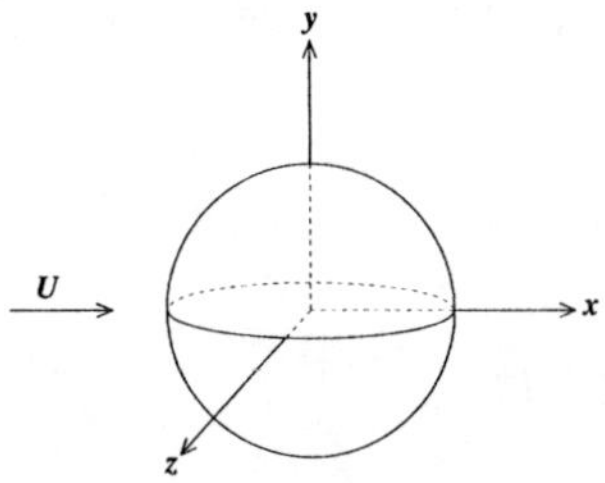

図 **3.24** 球まわりの流れ

マイナスを付けたのは半径方向速度成分を正としたためである．半径方向の速度は $\frac{\partial\phi}{\partial r}$ で与えられので，式 (3.57) から速度ポテンシャルは次のようになる．

$$\phi = \frac{1}{4\pi}\frac{Q}{r} = m\frac{1}{r}. \tag{3.58}$$

このような流れを**吸い込み流れ**と言い，m を**吸い込みの強さ**と言う．

次に，球形のタンクから水が湧き出している場合は，半径方向の速度が正の向きになっているので，符号だけを変えればよい．

$$\phi = -m\frac{1}{r}. \tag{3.59}$$

この流れを，**湧き出し流れ**と言い，m を**湧き出しの強さ**と言う．

3.7.3 球まわりの流れ

3 次元流れの中でもっとも単純な一様流 U 中に半径 c の球がある場合の流れを求めることにする（図 3.24）．まず，球から十分に離れた遠方では流れが一様流になっている．したがって，速度ポテンシャル ϕ は次の関係を満たす．

$$\phi \approx Ux \quad (|\boldsymbol{x}| \to \infty).$$

ここでは，2 次元円柱の場合と同様に球の内部にも流れがある場合について考える．球の内部の流れは，2 次元流れと同様に 2 重湧き出し $\frac{\partial}{\partial x}\frac{1}{r}$ で表現できる可能性がある．

$$\phi = Ux - \mu\frac{x}{r^3}. \tag{3.60}$$

ここで，球表面で速度の法線方向成分 u_r が 0 であるという条件を課すと，μ を求めることができる．

$$\mu = -\frac{c^3}{2}U. \tag{3.61}$$

したがって，球まわりの流れは

$$\phi = Ux\left(1 + \frac{1}{2}\frac{c^3}{r^3}\right), \tag{3.62}$$

となる．球まわりの流れの領域は単連結であるので，この式 (3.62) が唯一の解である．この式を利用すれば，ベルヌーイの式から球にはたらく力を求めることができるが，流れが前後左右上下対称であるので，圧力も同様である．したがって，抵抗や揚力は 0 となり*1)，ダランベールのパラドックスが存在する．

【例題】球が静止流体中を一定方向に速度 $U(t)$ で動く場合の速度ポテンシャルを求めよ．

【略解】この問題は 3.4.4 項の 2 次元円柱の例題と同じで，上に求めた式 (3.62) から一様流速の項を引けば容易に速度ポテンシャルが求められる．

$$\phi = -\frac{1}{2}(\boldsymbol{U}\cdot\boldsymbol{x})\frac{c^3}{|\boldsymbol{x}|^3}. \qquad \square$$

3.8 渦の諸定理

これまでは渦なし流れを考えてきた．しかし，流れ場の中に渦糸が存在する場合が多い．たとえば，航空機の翼まわりの流れは翼面に循環をもつ流れになっている．つまり，翼面は渦糸の集まりと考えられ，流れの場に渦糸がある場合となる．そこで，本節ではこのような場合について検討してみる．

まず，渦糸の定義を再確認しよう．いま，一定の角速度 Ω で剛体のように一体

*1) 3.2 節の例題で導出した圧力方程式は 3 次元渦なし流れにも適用できる．したがって，U が時間の関数の場合には，$\partial\phi/\partial t$ にともなう圧力により力が生じる．

となって回転する流体要素があり，その断面積をσとする．このとき，$\sigma\Omega=$一定のもとで，$\sigma\to 0$としたものが**渦糸**である．つまり，流体中の渦あり流れが局在していることになり，それ以外では渦なし流れになっている．

渦度は極ベクトルで次のように表せる．

$$\boldsymbol{\omega}=(\omega_x,\omega_y,\omega_z), \tag{3.63}$$

$$\omega_x=\frac{\partial w}{\partial y}-\frac{\partial v}{\partial z},\quad \omega_y=\frac{\partial u}{\partial z}-\frac{\partial w}{\partial x},\quad \omega_z=\frac{\partial v}{\partial x}-\frac{\partial u}{\partial y}. \tag{3.64}$$

したがって，$\boldsymbol{\omega}$の定義から，渦度ベクトルは次式を満たすことが簡単にわかる．

$$\frac{\partial \omega_x}{\partial x}+\frac{\partial \omega_y}{\partial y}+\frac{\partial \omega_z}{\partial z}=0. \tag{3.65}$$

つまり，渦度場は連続の式を満たす．したがって，流れている流体中に渦度が急に消えたり発生したりしないことがわかる．

渦あり流れにおける渦度場を求めるには，運動方程式を用いねばならない．2次元流れで導いた式 (3.4) と同じ方法を用いると次の関係が得られる．

$$\frac{D\boldsymbol{\omega}}{Dt}=\left(\omega_x\frac{\partial}{\partial x}+\omega_y\frac{\partial}{\partial y}+\omega_z\frac{\partial}{\partial z}\right)\boldsymbol{u}. \tag{3.66}$$

3.8.1 3次元の渦糸

2次元の渦糸は，循環をもつ渦糸が一直線に無限に伸びている場合である．ところが，3次元流れでは，渦糸は変形し一般には曲線になっていて，曲線は閉曲線となるか曲線の両端が物体表面上にある．

図3.25のように渦糸が閉曲線を形成しているとしよう．この渦糸による流れを遠くから眺めると，渦輪は一点に集中しているように見え，それによる誘起速度場はちょうど2重湧き出しのある流れ ($\phi=-\frac{\partial}{\partial x}\left(-\frac{m}{r}\right)$) になっている．このことから，この渦輪のからの距離rの点での誘起速度は$1/r^3$に比例する．次に，この渦輪が図3.25のように，ABCDの4本の微小な渦糸で構成されているとしよう．このときも，渦輪と同じ誘起速度となる．そこで，渦糸要素ABのみを取り出してみる．図3.26 aがそれである．この渦糸は渦糸まわりに回転する運動しか誘起せず$1/r^2$に比例する．誘起速度δu_sはOPQ面に垂直方向であり，この速度に寄与するの循環の成分は$\Gamma\sin\theta$である．したがって，δu_s

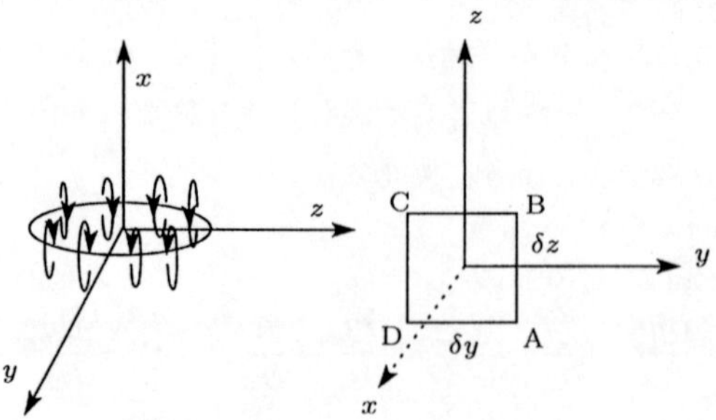

図 3.25　渦輪

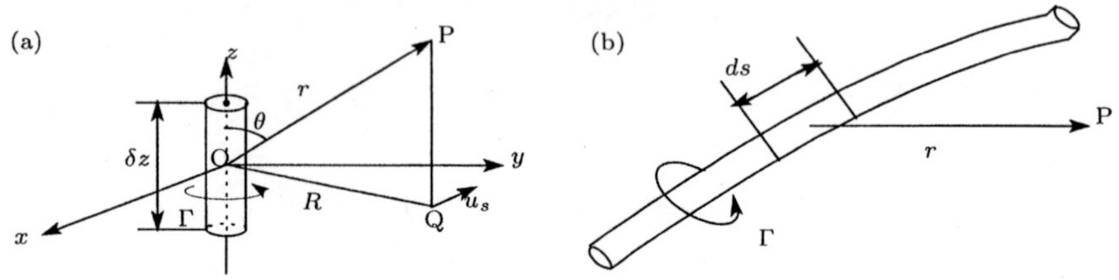

図 3.26　渦糸要素による流れ

は次のようになる．

$$\delta u_s = C\Gamma \sin\theta \frac{1}{r^2}\delta z.$$

ここで，無限長さの渦糸，つまり 2 次元の渦糸を計算してみよう．このとき，図 3.26 からわかるように，$r\sin\theta = R$ で $z = R\cot\theta$ となる．この結果，

$$u_s = C\Gamma \int_{-\infty}^{\infty} \sin\theta \frac{\sin^2\theta}{R^2} dz = 2C\Gamma\frac{1}{R}.$$

この結果が 2 次元渦糸による誘起速度と一致するには，$C = \frac{1}{4\pi}$ でなければならない．以上の結果を図 3.26 b に示す渦糸に適用すると，

$$\delta \boldsymbol{u} = \frac{\Gamma}{4\pi}\frac{\delta \boldsymbol{s} \times \boldsymbol{r}}{r^3}, \tag{3.67}$$

となる．ただし，$\boldsymbol{r} = \boldsymbol{x} - \boldsymbol{x}'$，$r = |\boldsymbol{r}|$，$\delta \boldsymbol{s} = \frac{\boldsymbol{\omega}}{|\boldsymbol{\omega}|}\delta s$ で，ビオ・サバール **(Biot-Savart)** の法則と言う．

3.8.2 渦の諸定理

ここでは渦度に関する普遍定理について述べる．

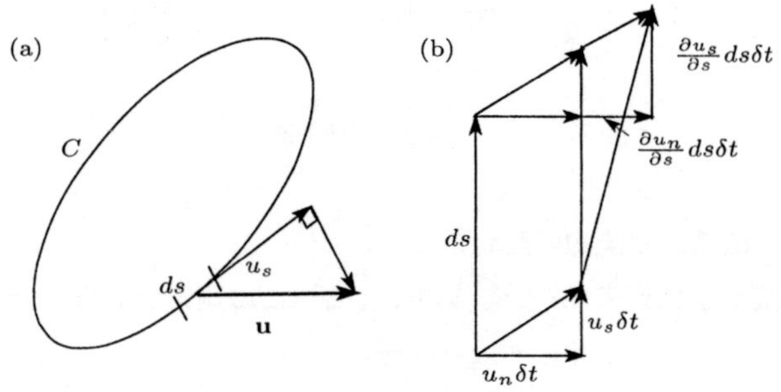

図 3.27 循環と微小要素の時間変化

まず，基礎となるケルビン（Kelvin）の定理から考える．流体中に流体粒子とともに移動する任意の閉曲線 C をとる（図 3.27 a）．このとき，循環 Γ は式 (3.38) で定義されている．C まわりの閉曲線に沿う微小要素 $\boldsymbol{ds}$ は時間が t から $t+\delta t$ まで微小時間 δt 経過したとき，図 3.27 からわかるように，$\left(\frac{\partial u_s}{\partial s}\boldsymbol{e}_s + \frac{\partial u_n}{\partial s}\boldsymbol{e}_n\right) ds\delta t$ だけ変化する（ここでは，閉曲線の曲率半径が非常に大きく無視できるとしているが，曲率のある場合でも同じ結果が得られる）．ただし，$\boldsymbol{e}_s$ と $\boldsymbol{e}_n$ は，渦糸方向とそれに垂直方向の単位ベクトルで，u_s と u_n はそれぞれそれらの方向の速度成分である．この結果から，$\boldsymbol{u}\cdot\boldsymbol{ds}$ は δt 時間の間に $\left(u_s\frac{\partial u_s}{\partial s} + u_n\frac{\partial u_n}{\partial s}\right) ds\delta t$ だけ変化し，また，速度 $\boldsymbol{u}$ も $\frac{d\boldsymbol{u}}{dt}\delta t$ だけ変わる．このため，循環 Γ は δt 時間の間に $\delta\Gamma$ だけ変化するとすると

$$\delta\Gamma = \int_C \left[\frac{d\boldsymbol{u}}{dt}\delta t\cdot\boldsymbol{ds} + \left(u_s\frac{\partial u_s}{\partial s} + u_n\frac{\partial u_n}{\partial s}\right) ds\delta t\right],$$

となる．上式の第 2 項は容易に積分でき $\frac{1}{2}|\boldsymbol{u}|^2$ となり，閉曲線まわりの一周積分は 0 となる．第 1 項はオイラーの運動方程式から，保存力の場では $-\int_C \frac{\partial}{\partial s}(P+\Omega)\, ds = 0$ となる．したがって，

$$\frac{d\Gamma}{dt} = 0, \tag{3.68}$$

を得る．これがケルビンの定理で，「保存力の場で流体とともに動く任意の閉

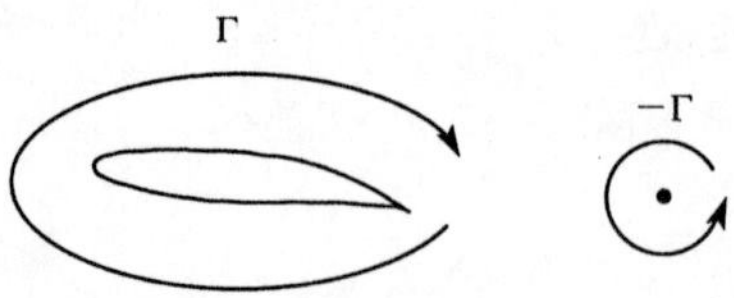

図 **3.28** 出発渦

曲線に沿う循環は時間的に変化しない.」*1)

いま，微小な線要素 $\delta\boldsymbol{s}$ を流体中にとる．この両端の時間あたりの変化は両端の速度ベクトルの差として求められる．

$$\frac{D\delta\boldsymbol{s}}{Dt} = \boldsymbol{u}(\boldsymbol{x}+\delta\boldsymbol{s}) - \boldsymbol{u}(\boldsymbol{x}).$$

右辺をテイラー展開すると

$$\frac{D\delta\boldsymbol{s}}{Dt} = \left(\delta s_x\frac{\partial}{\partial x} + \delta s_y\frac{\partial}{\partial y} + \delta s_z\frac{\partial}{\partial z}\right)\boldsymbol{u},$$

が得られる．この結果と式 (3.66) と比較すると，

$$\frac{D}{Dt}(\delta\boldsymbol{s} - C_o\boldsymbol{\omega})$$
$$= \left((\delta s_x - C_o\omega_x)\frac{\partial}{\partial x} + (\delta s_y - C_o\omega_y)\frac{\partial}{\partial y} + (\delta s_z - C_o\omega_z)\frac{\partial}{\partial z}\right)\boldsymbol{u},$$

が得られ，この方程式の解は $\delta\boldsymbol{s} = C_o\boldsymbol{\omega}$ である．ただし，C_o は定数である．このことは，「**渦線はいつまでも渦線である**」を意味している．

この結果を利用すると次の**ヘルムホルツ (Helmholtz) の定理**が明らかになる．「**1 つの渦管は保存力の場では常に渦管として保たれる.**」

流れの中に 1 つの閉曲線をとり，それによって形成される渦管を考える．この場合は，時間は固定している．この渦管の断面を形成する任意の閉曲線に関する循環 Γ はどの断面においても同じである（図 3.29）．

---

*1) 翼型が静止流体中を急発進した場合を考える．初期には翼型を囲む大きな閉曲線まわりの循環は 0 であり，翼型から十分に離れたところでは速度がほぼ 0 である．したがって，発進後も閉曲線まわりの循環が 0 でなければならない．一方，翼型には循環が生じる．したがって，流体中に翼型に生じた循環と逆向きの循環が存在することになる．これを**出発渦**と言う（図 3.28 参照）．

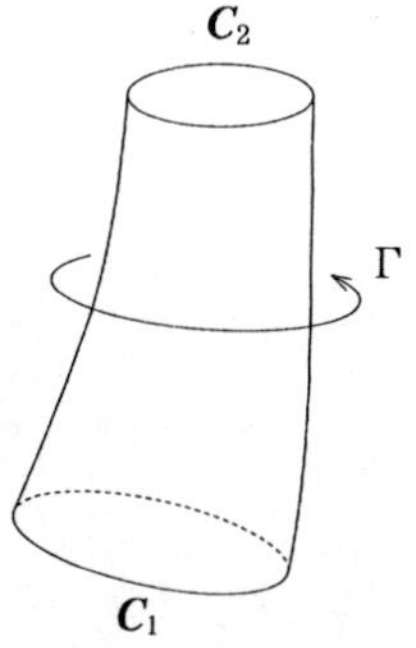

図 3.29　渦管と循環

$$\int_{C_1} \boldsymbol{u} \cdot d\boldsymbol{s} = \int_{C_2} \boldsymbol{u} \cdot d\boldsymbol{s}.$$

これは，この渦管の側面では渦の流出がないことから容易に導ける．

さらに，流体中に渦度が発生すれば，渦度場の連続の式が満たされないので，ラグランジュ(**Lagrange**)の渦定理が得られる．**「連続な運動において，流体中に渦度は発生することも消滅することもない.」**

3.9　3次元翼まわりの流れ

航空機の翼のような翼端のある3次元翼まわりの流れについて考えてみよう（図3.30）[*1]．翼の各断面は翼型になっているので，そこにはクッタ・ジューコフスキーの定理からわかるように循環がある．ところが，スパン方向が有限であるので循環はそれより外側では0でなければならない．しかし，前節で述べた渦定理から，渦度の消滅は起こらない．このことを満たすためには翼端から渦が流体の中に流出していく必要がある（図3.30 a)(**翼端渦**と言う)．

翼下面では圧力が上面より高いために揚力が発生する．しかし，翼端では翼

[*1] 図3.30では翼に生じる循環Γは時計方向を正として描いている．クッタ・ジューコフスキーの定理から，翼型に生じる揚力はこれまでの循環の定義では $-\rho U\Gamma$ である．この揚力に関する式を正にする表現がわれわれの直観力とマッチするので理解しやすい．このため，翼理論では時計方向の循環を正とする表現が多く用いられる．このようにすると翼型の揚力は $\rho U\Gamma$ になる．そこで，本節だけはこのように循環Γを定義して述べる．

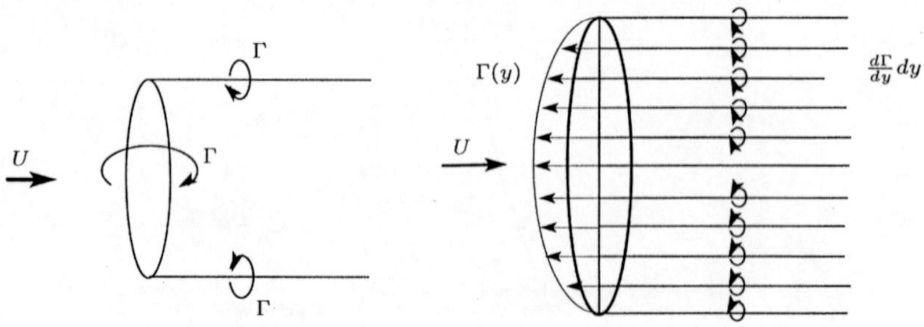

(a) 翼端渦　　(b) 自由渦と束縛渦

図 3.30　翼端渦，自由渦と束縛渦

の外側では圧力の跳びはないので，翼下面の流れが翼端から翼の上面に流れなければならない．これが翼端から渦が流出していく理由である．この図の場合，翼面に生じる循環をスパン方向に一定であるとしたが，通常はスパン中央で循環が最大で翼端にいくにしたがって循環は小さくなり，翼端で 0 になる（図 3.30 b)．このため，翼中央からスパン方向 y と $y+dy$ の間で循環が $\frac{d\Gamma}{dy}dy$ 変化する．渦の定理によってこの変化分が翼の後縁から流出することになる．この流出した渦を**自由渦**[*1)] と言う．また，翼面に生じている渦を**束縛渦**と言う（図 3.30 b)．

それでは，自由渦面はどのような性質をもっているのであろうか．これは流体中に存在するので，ヘルムホルツの定理によって流体とともに無限後方まで運ばれていく．また，流体は力を受けることができない．クッタ・ジューコフスキーの定理を局所的に利用すると，単位体積あたりの力 $\boldsymbol{K}=\rho\boldsymbol{u}\times\boldsymbol{\omega}$ となり，したがって，$\boldsymbol{u}=0$ または $\boldsymbol{u}$ と $\boldsymbol{\omega}$ が平行である必要がある．自由渦面はその面の上下の流体の平均速度と同じ速度で動き，渦度の向きは流体の平均速度の方向である（図 3.31 a)．

図 3.31 からわかるように，十分後方の自由渦面に垂直な断面の流れは 2 次元流れになっている．このため，自由渦面には下向き w の誘起速度 (吹き

---

*1)　自由渦面が図 3.31 のように平面を保つには吹き下ろし w がスパン方向に一定でなければならない．w が一定になるのは Γ が楕円分布となる場合である．実際には，自由渦面は渦の相互の干渉によって巻き上げられ，後流にいくにしたがって一対の渦になっていく．

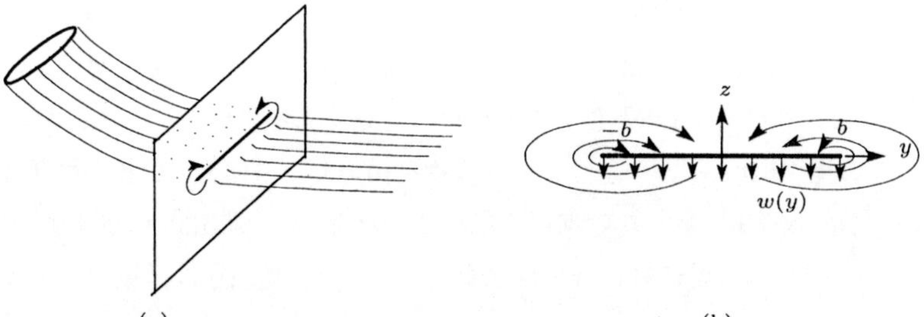

図 **3.31**　自由渦面と吹き降ろし

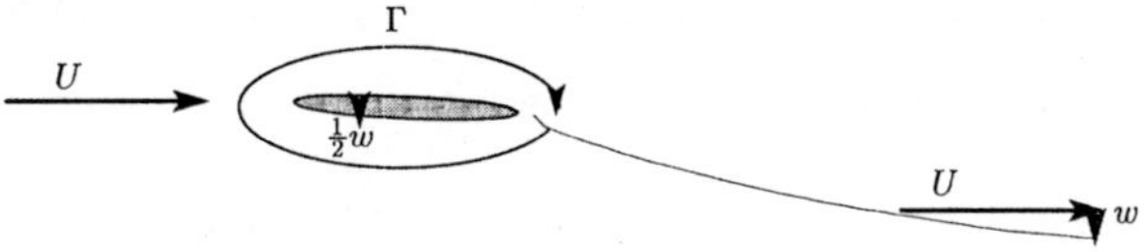

図 **3.32**　吹き降ろし速度

降ろし)[*1)] が生じる．

$$w(y_o) = \frac{1}{2\pi}\int_{-b}^{b} \frac{\frac{d\Gamma}{dy}}{y - y_o}dy. \qquad (3.69)$$

ただし，b は半スパン長さである．この流れのために，自由渦面は下方に流される．翼面付近では（図 3.32），自由渦面は後流側片側だけに形成され，したがって，自由渦面による誘起速度は $\frac{1}{2}w$ となる．一方，翼面では循環 Γ があり，クッタ・ジューコフスキーの定理から $\rho\frac{1}{2}w\Gamma$ の抵抗成分が生じる．これが**誘導抵抗** D_i である．

$$D_i = \frac{1}{2}\int_{-b}^{b} \rho w(y)\Gamma(y)dy. \qquad (3.70)$$

したがって，自由渦面が生じるような 3 次元物体では，完全流体でも抵抗が 0 にならない．さらに，w が小さいほど誘導抵抗が小さくなることがわかる．

【演習問題】

問題 3.1　2 つの渦糸が流れとともに動いているとし，ある瞬間に図 3.33 のようになるとする．これらの渦糸は以後どのような運動をす

*1)　w は下向きを正として定義する．

るか.

問題 3.2 球が図 3.34 のように一定方向に加速度運動しているとする. 速度を $U(t)$ としてこの球にはたらく力を求めよ.

問題 3.3 ジューコフスキー変換を用いて, 一様流中の楕円柱 (長径 a, 短径 b) まわりの流れを求めよ. ただし, 図 3.35 に示すように, 一様流は長軸に対し α の角度をなし, また, 楕円柱は循環 Γ をもっているとする.

問題 3.4 問題 3.3 において, 楕円柱に沿う流れが点 A から離れるとすると循環 Γ はどのようになるか. また, ブラジウスの第 1 公式を用いて, 揚力と抵抗を求めよ.

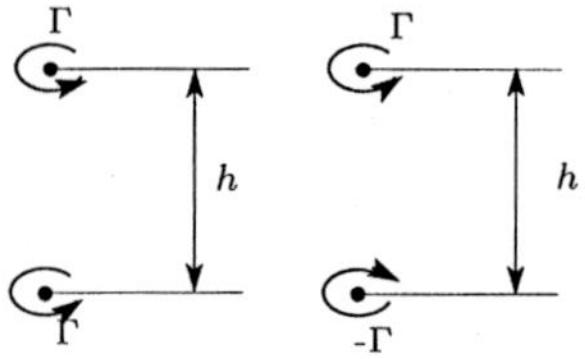

図 3.33 渦糸の運動

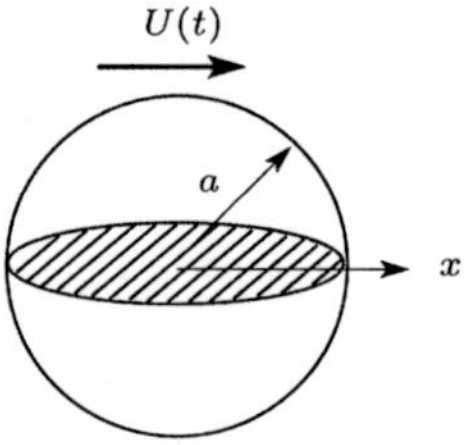

図 3.34 加速運動する球

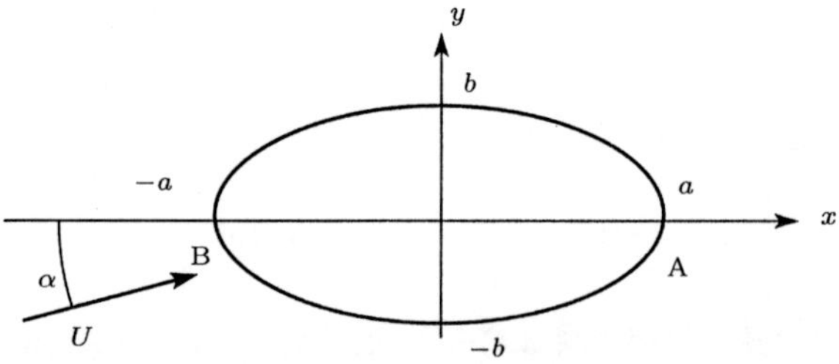

図 3.35 楕円柱まわりの流れ

Coffee Break

三角翼の揚力

2 次元の翼は，翼まわりの循環により揚力を得ている．アスペクト比の小さい，特に翼前縁が翼の付け根から翼端に向かって大きく後退している**三角翼**の場合，揚力の発生するメカニズムは大きく異なっている．三角翼では翼前縁において，翼の下側から上側に空気が巻きあがり図 3.36 にあるように翼の上側で円錐形の後方に伸びる渦が形づくられる．この渦のところで圧力が下がりその結果三角翼に揚力が発生するのである．三角翼ではこの円錐形の渦を安定に保つことが必要となるが，渦が突然壊れる渦崩壊という現象があり，三角翼の性能に大きな影響を及ぼす．

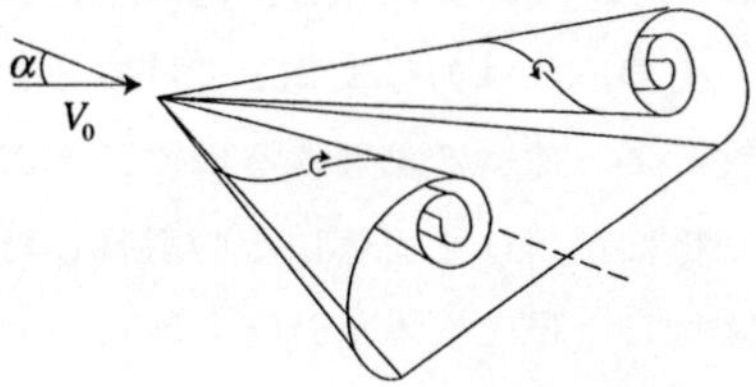

図 3.36　三角翼から出る円錐形渦

4. 粘　性　流　れ

4.1　粘性流れの概要

実際の流体は，ポテンシャル流体あるいは非粘性流体と呼ばれるような理想化した流体と異なり粘性と呼ばれる性質をもつ．非粘性流体は流れにごく薄い平板を水平に置いたとしても，それと流体との間で粘性による摩擦がないので流体は壁でスリップし，その流れは何ら変化を受けず平行流のままである．

一方，粘性流体は粘性によって壁に**粘着**するので，そこでの速度は平板と同じ 0 となる．さらに，平板に粘着した流体はその隣接した流体の層を減速させる．このメカニズムが隣接した層に次々と及ぼされるので，速度分布は壁から離れるにつれて 0 から一様流へとだんだんと大きくなる (図 4.1).

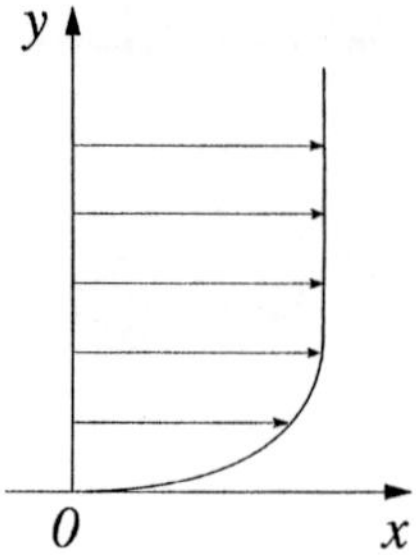

図 4.1　粘性流体中に置かれた平板流れの速度分布

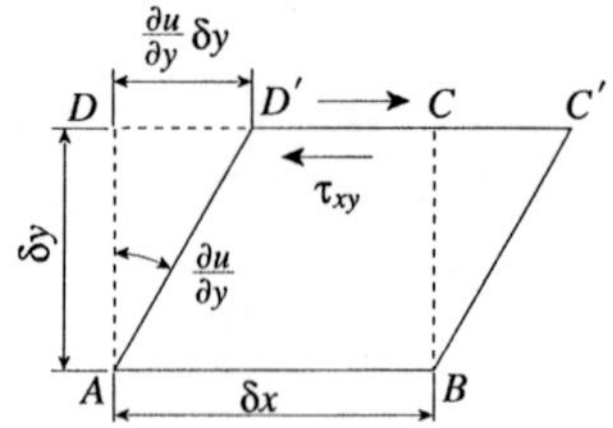

図 4.2　せん断による微小流体要素の変形

4.2　粘性による変形

流体にはたらく代表的な力として，圧力，重力およびこれから述べる粘性力があげられる．この粘性力は流体の変形を阻止するような抵抗としても生じる．流体の基本的な変形のうち粘性抵抗に寄与するのはせん断と伸縮である．ここでは説明を簡単にするために 2 次元の非圧縮流体の変形を取りあげる．

4.2.1　せん断による変形

まず変形抵抗としてせん断力を取りあげる．x 方向に平行に置かれた長さが $\delta x, \delta y$ の微小要素にはたらくせん断力を考える (図 4.2)．辺 AB は単位時間に $u \cdot \delta t (= 1)$ だけ x 方向に移動するとすれば，辺 CD は $(u + \partial u/\partial y \cdot \delta y) \cdot 1$ だけ移動する．したがって，辺 CD の方が相対的に辺 AB より $(\partial u/\partial y)\delta y$ だけ進むことになる．非圧縮流体の微小要素の体積は一定なので，点 C は C′，D は D′ へ平行に移動する．ここで，$\partial u/\partial y = 0$ ならば，微小要素は何らせん断変形することなく等速度で並進することを意味する．一方，辺 AB と C′D′ とのズレ，すなわち速度こう配 $\partial u/\partial y$ が大きくなればせん断力も大きくなる．これより，せん断力は速度こう配 $\partial u/\partial y$ に比例することが推測される．そこで，せん断力と速度こう配 $\partial u/\partial y$ とのもっとも簡単な関係として正比例のそれを仮定する．すなわち，単位長さの微小要素にはたらく x 方向のせん断応力を，

$$\mu \frac{\partial u}{\partial y} \tag{4.1}$$

とする．

水や空気といったわれわれが目にするほとんどの流体は，幸運にもこの関係式を満たすことが知られている．通常，式 (4.1) をみたす流体はニュートン流体と呼ばれている．また，μ は粘性係数あるいは粘度と呼ばれるもので，流体固有の物理定数である．代表的な流体の粘性係数を表 4.1 で示す．

さらに速度 v についても x のこう配 $\partial v/\partial x$ が存在すれば，$\mu \partial v/\partial x$ もせん断成分とみなせる．よって，x 方向のせん断応力 τ_{yx} はこれらのせん断成分の平均を 2 倍したものとして定義される．応力の表記 τ_{yx} の添字 x は応力の向き，

表 4.1　流体の物性値

	密度 $\rho(\mathrm{kg/m^3})$	粘性係数 $\mu(\mathrm{mPa\cdot s})$
水 (0°C)	999.8	1.792
(20°C)	998.2	1.002
空気 (0°C)	1.293	17.24×10^{-3}
(20°C)	1.205	18.22×10^{-3}

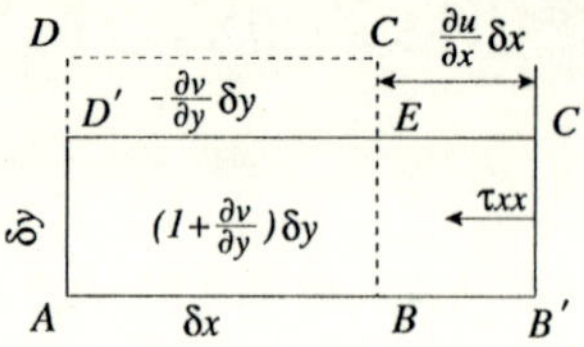

図 4.3　伸長による微小流体要素の変形

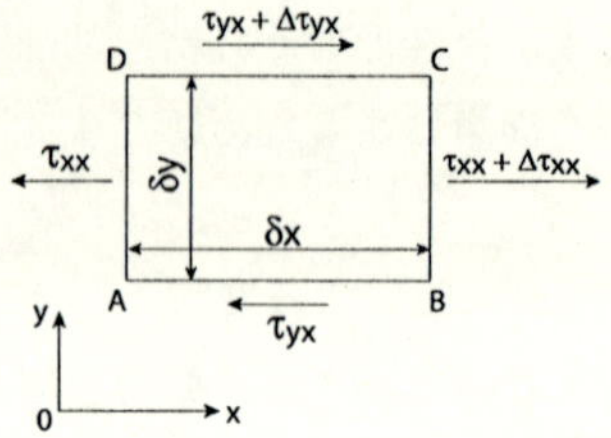

図 4.4　微小流体要素にはたらく粘性力

y は作用する面ベクトルの向きを表す．これよりせん断応力は流体要素の直角 BAD がどれだけ鋭角に変形するかに比例する．また，y 方向のせん断応力も同様に求められる．

微小要素にはたらくせん断応力をまとめると

$$\tau_{yx}=\mu\left(\frac{\partial u}{\partial y}+\frac{\partial v}{\partial x}\right),\quad \tau_{xy}=\mu\left(\frac{\partial v}{\partial x}+\frac{\partial u}{\partial y}\right) \tag{4.2}$$

となる．

4.2.2　伸長による変形

つづいて，微小要素の伸長による変形抵抗を考える．微小要素 ABCD は単位時間に A B′C′D′ に伸びたとする．辺 AD は単位時間あたり x 方向に速度 u で移動するとすれば，辺 BC は速度 $u+(\partial u/\partial x)\delta x$ で移動する．したがって，辺 BB′ あるいは EC′ で示されるように相対的に x 方向に $(\partial u/\partial x)\delta x$ だけ微小要素は伸ばされることになる (図 4.3)．せん断と同様に，伸長による単位要素にはたらく x 方向の垂直応力も，

$$\tau_{xx}=2\mu\frac{\partial u}{\partial x} \tag{4.3}$$

と仮定される．

同様に y 方向についても，

$$\tau_{yy} = 2\mu\frac{\partial v}{\partial y} \tag{4.4}$$

が得られる．ここで2倍するのは工学的慣習による．

4.2.3 微小要素にはたらく力

流体が微小要素 (辺の長さが δx ,δy) にはたらく力を考える (図4.4)．まず x 方向の力を考えると，辺ABにはたらくせん断力を

$$(\tau_{yx})_{\mathrm{AB}} \cdot \delta x = \mu\left(\frac{\partial u}{\partial y} + \frac{\partial v}{\partial x}\right) \cdot \delta x \tag{4.5}$$

とすると，辺CDでは式(4.2)より

$$\begin{aligned}(\tau_{yx})_{\mathrm{CD}} \cdot \delta x &= \left((\tau_{yx})_{\mathrm{AB}} + \frac{\partial \tau_{yx}}{\partial y}\delta y\right) \cdot \delta x \\ &= \left((\tau_{yx})_{\mathrm{AB}} + \mu\left(\frac{\partial^2 u}{\partial y^2} + \frac{\partial^2 v}{\partial x \partial y}\right)\delta y\right) \cdot \delta x \end{aligned} \tag{4.6}$$

となる．

また，伸長による引っ張り力として，辺ADにおける引っ張り力を

$$(\tau_{xx})_{\mathrm{AD}} \cdot \delta y = 2\mu\frac{\partial u}{\partial x}\delta y \tag{4.7}$$

とすると，辺BCでは式(4.4)より

$$\begin{aligned}(\tau_{xx})_{\mathrm{BC}} \cdot \delta y &= \left((\tau_{xx})_{\mathrm{AD}} + \frac{\partial \tau_{xx}}{\partial x}\delta x\right)\delta y \\ &= \left((\tau_{xx})_{\mathrm{AD}} + 2\mu\frac{\partial^2 u}{\partial x^2}\delta x\right)\delta y \end{aligned} \tag{4.8}$$

となる．

x 方向の合力は

$$(\tau_{yx})_{\mathrm{CD}} - (\tau_{yx})_{\mathrm{AB}} + (\tau_{xx})_{\mathrm{BC}} - (\tau_{xx})_{\mathrm{AD}}$$

であり，この式に式(4.5)と(4.6)，および式(4.7)と(4.8)を代入すると

$$\mu\left(\frac{\partial^2 u}{\partial x^2}+\frac{\partial^2 u}{\partial y^2}+\frac{\partial}{\partial x}\left(\frac{\partial u}{\partial x}+\frac{\partial v}{\partial y}\right)\right)\delta x\delta y$$

となる．ここでは非圧縮流体を取り扱っているので，上式に連続の式 (2.25) を用いると，最終的に x 方向の粘性力は

$$\mu\left(\frac{\partial^2 u}{\partial x^2}+\frac{\partial^2 u}{\partial y^2}\right)\delta x\delta y \tag{4.9}$$

となる．

さらに，粘性によるせん断力と引っ張り力の他に，2.5.2 項で述べられた圧力 p および x 方向の物体力 f_x も一緒に考えると，単位体積 $\delta x\delta y(=1)$ の微小要素にはたらく x 方向の力 F_x は，

$$F_x=-\frac{\partial p}{\partial x}+\mu\left(\frac{\partial^2 u}{\partial x^2}+\frac{\partial^2 u}{\partial y^2}\right)+\rho f_x \tag{4.10}$$

となる．同様に，y 方向にはたらく力は

$$F_y=-\frac{\partial p}{\partial y}+\mu\left(\frac{\partial^2 v}{\partial x^2}+\frac{\partial^2 v}{\partial y^2}\right)+\rho f_y \tag{4.11}$$

と表される．

4.3　ナビエ・ストークス方程式の導出

粘性流れにおける微小な流体要素 $\delta x\delta y$ の運動方程式を導く．そのため，この要素にニュートンの第 2 法則，つまり力=質量 × 加速度の公式を適用する．右辺の質量 × 加速度の x および y 方向の力の成分は，それぞれ 2.5.1 項で述べられたように $\rho\delta x\delta y Du/Dt$ および $\rho\delta x\delta y Dv/Dt$ である．ここで，D/Dt は**物質微分**の演算子，ρ は密度を表す．運動方程式は，式 (4.10) および (4.11) を (2.38) と (2.39) とにそれぞれ代入し単位質量について整理すると

$$\frac{\partial u}{\partial t}+u\frac{\partial u}{\partial x}+v\frac{\partial u}{\partial y}=-\frac{1}{\rho}\frac{\partial p}{\partial x}+\nu\left(\frac{\partial^2 u}{\partial x^2}+\frac{\partial^2 u}{\partial y^2}\right)+f_x \tag{4.12}$$

$$\frac{\partial v}{\partial t}+u\frac{\partial v}{\partial x}+v\frac{\partial v}{\partial y}=-\frac{1}{\rho}\frac{\partial p}{\partial y}+\nu\left(\frac{\partial^2 v}{\partial x^2}+\frac{\partial^2 v}{\partial y^2}\right)+f_y \tag{4.13}$$

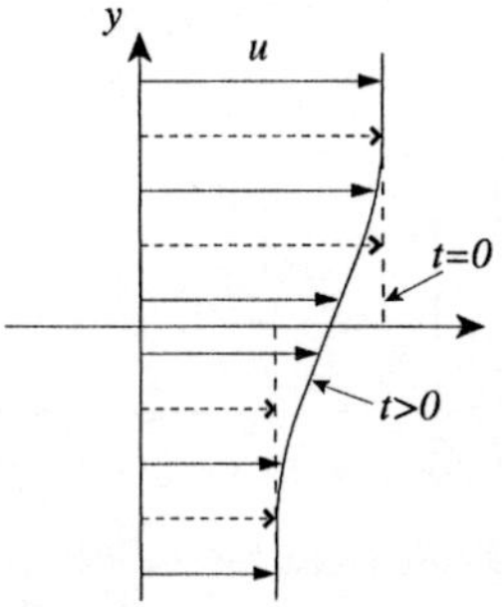

図 **4.5** 粘性拡散による流れの変化

となる．これらの方程式は**ナビエ・ストークス (Navier-Stokes) 方程式**と呼ばれ，粘性流体の流れを支配する重要な方程式である．

ここで式 (4.12) と (4.13) の右辺にある粘性項の係数 $\nu = \mu/\rho$ は**動粘性係数**または**動粘度**と呼ばれる．これは μ のような流れの運動状態に無関係に定まる流体固有の物性値でなく，粘性効果の拡散速度を表す．たとえば，$t = 0$ である水平な層を境にして上側が早く下側が遅く流れるような平行流れの変化を考える (図 4.5)．明らかに，粘性により下側の流れは上側の流れを減速，逆に上側の流れは下側の流れを加速する．この粘性効果の広がりが動粘性係数の尺度と見なせる．

式 (4.12) と (4.13) で表される 2 次元流れの場合，従属変数は u, v, p の 3 つである．しかるに，方程式は 2 つしか得られていないので，これらの式だけで解を一意に決定することはできない．そこで，質量の保存を表す連続の式，

$$\frac{\partial u}{\partial x} + \frac{\partial v}{\partial y} = 0 \tag{4.14}$$

をナビエ・ストークス方程式に連立させて解を求める．

その際，初期条件や境界条件が必要とされるが，境界条件は非粘性流体のそれと相違する．粘性流体の場合，物体に接する流体はその壁に粘着するので壁と同じ速度になる．この種の境界条件は粘着条件あるいはすべりなし条件と呼ばれる．

ナビエ・ストークス方程式 (4.12) および (4.13) は 2 次元流れについてであるが，これらの方程式に z に関する項を追加することにより容易に 3 次元流れ

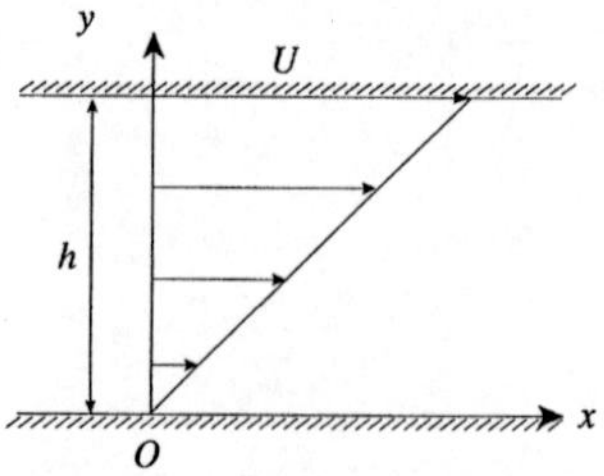

図 4.6　2 次元クエット流れ

のナビエ・ストークス方程式が得られる．ベクトル形式で表すと，

$$\frac{\partial \boldsymbol{u}}{\partial t} + \boldsymbol{u}\cdot\nabla\boldsymbol{u} = -\frac{1}{\rho}\nabla p + \nu\nabla\cdot\nabla\boldsymbol{u} + \boldsymbol{f} \qquad (4.15)$$

となる．ここで，∇ は，(e_x, e_y, e_z) を単位ベクトルとして $\nabla = e_x\partial/\partial x + e_y\partial/\partial y + e_z\partial/\partial z$ で表される微分演算子（ナブラ）である．また，$\nabla\cdot\nabla$ は ∇ と ∇ との内積 $\partial^2/\partial x^2 + \partial^2/\partial y^2$ である．

4.4　ナビエ・ストークス方程式から得られる流れ

粘性流れはナビエ・ストークス方程式にしたがう．この方程式はその非線形性により多種多様な流れが存在することになるが，その厳密解を求めることはほとんど不可能に近い．このように取り扱いがやっかいなナビエ・ストークス方程式であるが，幸運にもある条件のもとで線形方程式に帰着する．これによりいくつかの厳密解が得られている．これら数少ない厳密解を以下において取りあげる．

4.4.1　クエット流れ

クエット (Couette) 流れは，h だけ離れた無限に広くて水平に置かれた平行平板の間に流体がみたされ，そして上の平板が一定速度 U で動いて得られる流れである (図 4.6)．ここで水平方向の圧力こう配は存在しないとする．非粘性流体と異なり，粘性流体は平板に付着している流体要素が一定速度で引きずられることにより，流れが駆動される．平板が動く方向に x 軸，平板に対して

直角方向に y 軸をとり，原点は下の板にとる．z 軸は (x, y) 平面つまり紙面に直角方向にとる．境界条件は，壁で粘着するので

$$u = 0,\ v = 0 \quad \text{at} \quad y = 0 \qquad \text{および} \qquad u = U,\ v = 0 \quad \text{at} \quad y = h \tag{4.16}$$

である．

ここで，流れ変数の関数関係を物理的な立場から考える．

- 平板が動き始めた当初は非定常流れであるが，ここでは時間がある程度経過した定常流れとする．つまり，$\partial u/\partial t = 0,\ \partial v/\partial t = 0$
- z 方向の流れ場は変化しないとする．つまり，$\partial u/\partial z = 0,\ \partial v/\partial z = 0$
- 流れは x 方向に同じ条件で駆動されるので，流れ場は x 方向に変化しない．つまり，$\partial u/\partial x = 0,\ \partial v/\partial x = 0$

これから，流れ場は $u = u(y)$ および $v = v(y)$ という可能性が考えられる．

流れはナビエ・ストークス方程式のみならず連続の式も満たさなければならない．連続の式 (4.14) に $u(y)$ を代入すると $\partial u(y)/\partial x = 0$ となり，$\partial v/\partial y = 0$ が得られる．よって，v は一定となるが，壁で 0 であるのでその値は 0 ということになる：$v \equiv 0$.

よって，クエット流れは x 方向の平行流れ $u(y)$ となる．これらの条件をナビエ・ストークス方程式 (4.12) に代入すると，

$$\frac{d^2 u(y)}{dy^2} = 0 \tag{4.17}$$

が得られる．ここで，平板間のすき間 h は小さいものとして重力 f_y は無視する．式 (4.17) は容易に積分できて，

$$u = c_1 y + c_2 \tag{4.18}$$

となる．ここで，積分定数 c_1 と c_2 は境界条件より求められる．すなわち，式 (4.18) に境界条件の式 (4.16) を代入すると，$0 = c_1 0 + c_2$ と $U = c_1 h + c_2$ となる．よって，$c_1 = U/h$ および $c_2 = 0$ が得られる．ゆえにクエット流れは，式 (4.18) より

$$u = \frac{U}{h} y \tag{4.19}$$

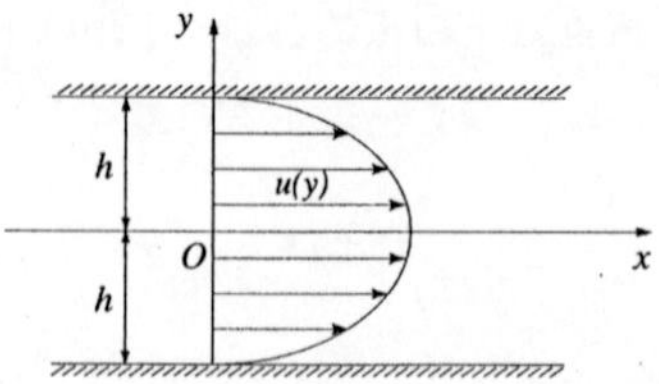

図 4.7　2 次元ポアズイユ流れ

となる．

速度分布は直線分布になる (図 4.6)．せん断応力は $\tau = \mu du/dy$ より $\mu U/h$ となり，y のどの点でも同じせん断応力である．断面を通過する流量 Q は，微小要素 δy を通過する流量が $u\delta y$ なので，全断面について積分すると，

$$Q = \int_0^h u dy = \frac{U}{2}h \tag{4.20}$$

となる．流量 Q は x に無関係な定数であるので，どの断面でも同じである．さらに，平均速度 V は，$Q = Vh$ より $V = U/2$ が得られる．速度分布が直線的であるので，平板間の真ん中の点 $y = h/2$ が平均速度を与えることが容易に理解される．

4.4.2　2 次元ポアズイユ流れ

間隔を $2h$ にとった無限に広い水平な平行平板間に流体がみたされているとする．そして平板と平行な方向に圧力こう配をかけて得られる流れを取り扱う．圧力こう配をかける方向に x 軸，その軸に直交する方向に y 軸をとり，原点 O を平板間の真ん中にとる (図 4.7)．クエット流れと同様に，流れ変数の関数関係を物理的な観点から考える．

- 紙面に直角な z 方向の流れ場は変化しない：$\partial u/\partial z = 0$, $\partial v/\partial z = 0$
- 定常流れとする：$\partial u/\partial t = 0$, $\partial v/\partial t = 0$
- 物体力は無視する：$f_x = 0$, $f_y = 0$
- x 方向の駆動条件は同じなので，流れ場は x に無関係となる：$\partial u/\partial x = 0$, $\partial v/\partial x = 0$

これらの条件より，$u = u(y), v = v(y)$ なる関数関係が考えられる．よって，連続方程式 (4.14) から $\partial v/\partial y = 0$ となる．したがって，v は一定となるが，壁で 0 なので $v \equiv 0$ となる．これらの条件をナビエ・ストークス方程式 (4.13) に代入すれば

$$\frac{\partial p}{\partial y} = 0 \tag{4.21}$$

となる．これより，$u = u(y)$ および $p = p(x)$ が仮定される．

上で得られた関係をナビエ・ストークス方程式 (4.12) に代入すると，

$$\frac{d^2u(y)}{dy^2} = \frac{1}{\mu}\frac{dp(x)}{dx} \tag{4.22}$$

となる．ここで，左辺は y のみの関数，これに対して右辺は x のみの関数である．したがって，これが成立するには両辺が定数でなければならない．つまり，駆動力 dp/dx は定数である．このことは，流れ変数 (u, v) が x に依存しないことからも推測される．

式 (4.22) は 2 階の常微分方程式なので 2 つの境界条件が必要とされる．考えられる条件は，

- 粘着条件により壁で速度が 0，すなわち $y = \pm h$ で $u = 0$
- $y = 0$ で速度が最大であるので，よって $(du/dy)_{y=0} = 0$

である．

いずれの境界条件を用いるとしても式 (4.22) から，

$$u = -\frac{1}{2\mu}\frac{dp}{dx}(h^2 - y^2) \tag{4.23}$$

が得られる．ここで，$-h < y < h$ より $(h^2 - y^2) > 0$ が得られるので，$dp/dx < 0$ ならば $u > 0$ となる．負の圧力こう配 $dp/dx < 0$ は x の増加 (下流に進む) について圧力が下がることを意味する．よって上流側の圧力が下流側のそれより大きいので，流れは x の正の向きである下流向きに流れる．速度分布の曲線は y について放物線を描く．

速度分布の式 (4.23) から，せん断力分布は

$$\tau = \frac{dp}{dx}y \tag{4.24}$$

として得られ，y について直線分布となる．つまり，せん断力の絶対値が壁で最大となり，中央部で 0 となる．

流量 Q は，$y=0$ について流れが対称であることを考慮して

$$Q = 2\int_0^h u dy = -\frac{2}{3}\frac{1}{\mu}\frac{dp}{dx}h^3 \tag{4.25}$$

として得られる．明らかに，流量 Q は x に無関係な定数であり，どの断面でも同じである．平均流速 V は，$Q=2hV$ より

$$V = -\frac{1}{3\mu}\frac{dp}{dx}h^2 \tag{4.26}$$

として得られる．

平板を動かすことによって流れを駆動するクエット流れと異なり，境界を固定したままで圧力こう配で駆動して得られる流れは**ハーゲン・ポアズイユ (Hagen-Poiseuille) 流れ**と呼ばれている．ここで取り扱われた流れは **2 次元ポアズイユ流れ**の例であるが，このタイプの流れは速度分布が放物形になる特徴がある．

4.4.3　ポアズイユ流れ—円管内流れ

半径 a のまっすぐなパイプ内に圧力差をかけて得られる流れいわゆる**ハーゲン・ポアズイユ流れ**を求める（図 4.8）．この流れを支配する方程式は，2.8.2 項の運動量保存則によっても求められているが，ここでは円柱座標系で表したナビエ・ストークス方程式 (6.22)～(6.24) および連続の式 (6.25) から導く（付録参照）．パイプの軸方向つまり流れ方向を円柱座標系の z 軸に合わせ，原点をパイプの真ん中にとりパイプの壁を半径 a とする．工学的によく用いられる普通のパイプ流れを考える．

- 定常流れ：$\partial u_r/\partial t = 0,\ \partial u_\theta/\partial t = 0,\ \partial u_z/\partial t = 0$

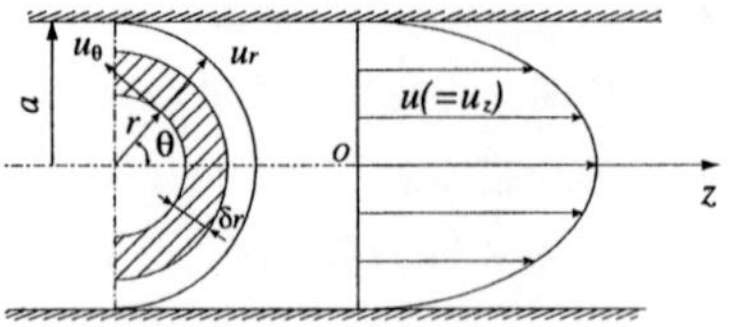

図 4.8　ポアズイユ流れと円柱座標系との対応

- θ に無関係な旋回流れをともなわない軸対称流れ：$u_r = u_r(r, z)$, $u_\theta \equiv 0$, $u_z = u_z(r, z)$
- 圧力こう配をパイプ断面全体にわたって一様にかけるので，流れは z に無関係：$\partial u_r/\partial z = 0$, $\partial u_z/\partial z = 0$

上の結果から，速度成分の関数関係として $u_r = u_r(r)$, $u_z = u_z(r)$ が仮定される．これらの条件を連続の式 (6.25) に代入すると，

$$\frac{1}{r}\frac{d(ru_r)}{dr} = 0 \tag{4.27}$$

となる．これを積分すると ru_r は一定である．$r = a$ で $u_r = 0$ なので，この積の値は 0 に等しい．また，$ru_r = 0$ は任意の $r > 0$ についても成立しなければならないので，$u_r \equiv 0$ となる．

最終的に，速度成分として

$$u_z = u_z(r), \quad u_r \equiv 0, \quad u_\theta \equiv 0$$

が得られる．この流れはパイプの軸に沿った平行流である．

上に得られた速度の関係式を式 (6.22) と (6.23) に代入すると，

$$\frac{\partial p}{\partial r} = 0, \quad \frac{\partial p}{\partial \theta} = 0$$

となるので，圧力は $p = p(z)$ である．

ここで表記の面倒さをさけるために今後，速度成分 u_z は u と略記する．これらの条件を式 (6.24) に代入すると，

$$\frac{d^2u}{dr^2} + \frac{1}{r}\frac{du}{dr} = \frac{1}{\mu}\frac{dp}{dz} \tag{4.28}$$

になる．この式は右辺が z，左辺が r のみの関数であるが，4.4.1 項のクエット流れや 4.4.2 項の 2 次元ポアズイユ流れで議論されたと同様にこの式が成立するには両辺は定数でなければならない．この式 (4.28) は運度量保存則から得られた式 (2.64) と同じである．この方程式は $1/\mu \cdot dp/dz$ を定数とする非斉次方程式で，

$$\frac{1}{r}\frac{d}{dr}\left(r\frac{du}{dr}\right) = \frac{1}{\mu}\frac{dp}{dz}$$

と書き直される．この方程式を 0 から r について積分することにより，その解は容易に見つかり

$$u = \frac{1}{4\mu}\frac{dp}{dz}r^2 + c_1 \log r + c_2 \tag{4.29}$$

である．

式 (4.28) は r に対する 2 階の常微分方程式なので，2 つの境界条件が必要とされる．そのため，

- 粘着条件によりパイプの壁 $r = a$ で $u = 0$ である．
- パイプの真ん中 $r = 0$ で速度が最大，すなわち $du/dr = 0$．

あるいは，

- $r = 0$ で速度が発散しない．

などがあげられる．

ここでは，$r = a$ で $u = 0$ および $r = 0$ で u は有限という境界条件を式 (4.29) に代入すると，

$$u_{r=0} = \left(\frac{1}{2\mu}\frac{dp}{dz}r + \frac{c_1}{r} + c_2\right)_{r=0} \tag{4.30}$$

$$0 = \frac{1}{4\mu}\frac{dp}{dz}a^2 + c_1 \log a + c_2 \tag{4.31}$$

が得られる．式 (4.30) の $1/r$ の項は $r = 0$ で発散するので，$u_{r=0}$ が有限であるためには $c_1 = 0$ でなければならない．これより式 (4.31) から $c_2 = -1/(4\mu)\cdot(dp/dz)a^2$ が得られる．

これらの積分定数を式 (4.29) に用いると，速度分布は

$$u = -\frac{1}{4\mu}\frac{dp}{dz}(a^2 - r^2) \tag{4.32}$$

となる．速度の断面における分布曲線は，ポアズイユ流れの特徴である r^2 に比例する放物線になる．式 (4.32) の右辺にマイナスがつくのは，$dp/dz < 0$ すなわち上流側の圧力が下流側のそれより高ければ，順流 $u > 0$ となるためである．

体積流量 Q は，図 4.8 で示されるように，速度は管軸について回転対称なのでまず微小な円環部分 (断面積は $2\pi r dr$) を通過する体積流量を求め，それを断面全体について積分すると

$$Q = \int_0^a 2\pi r u dr = -\frac{\pi a^4}{8\mu}\frac{dp}{dz} \tag{4.33}$$

となる．流量 Q は定数であり，どの断面 z においても一定である．また，圧力こう配 dp/dz を大きくすると速度が速くなり，よって流量も増加する．一方，粘性係数 μ に反比例し，粘っこい流体は速度が遅くなることから流量も減少する．

管断面の平均速度 V は，流量との関係式 $Q = \pi a^2 V$ より求められる．平均速度 V は式 (4.33) より

$$V = -\frac{1}{8\mu}\frac{dp}{dz}a^2 \tag{4.34}$$

が得られる．

配管設計などでは，パイプ内の圧力がどれくらい低下するかといった**圧力損失**を知る必要がある．そのことは 5.3 節で詳しく述べるが管摩擦係数 λ が役立つ．管路設計では，パイプ半径 a や流体の種類 ρ および流量 Q が前もって指定されることが多いので，**管摩擦係数**があらかじめわかれば圧力損失も予想できることになる．式 (5.4) に (4.34) を代入すると，

$$\lambda = \frac{64}{R_e} \tag{4.35}$$

が得られる．ここで R_e は 4.5 節で詳しく述べる直径基準のレイノルズ数で $R_e = 2aV/\nu$ である．ポアズイユ流れであれば，R_e が大きくなるにつれて管摩擦係数 λ は R_e^{-1} で減少する．もちろん，この式が成立するのは**臨界レイノルズ数** ($R_e \approx 2300$) 以下の層流状態である．

4.5　力学的に相似な流れ

幾何学的な相似は，ある図形を拡大・縮小して別の図形に一致できることを意味する．相似な三角形であっても，それぞれの下辺を単位長さとして描くと 2 つの三角形は同じになる．このように，見た目には異なる相似な図形も，長さのスケールを変えると同じものが得られる．

力学的な相似もこの概念を拡張したもので，長さだけでなく質量や時間などの物理量を測るスケールを変える．ここでは物体まわりの流れを例にとる．物

理量のスケールとして，**代表速度**を U，**代表長さ**を L として次のような変換

$$
\begin{aligned}
x' &= x/L, & y' &= y/L \\
u' &= u/U, & v' &= v/U \\
t' &= t/(L/U), & p' &= p/(\rho U^2)
\end{aligned}
\tag{4.36}
$$

を仮定する．プライムなしの変数は次元量をもつ次元変数とする．一方，プライム付きの変数は次元変数を次元変数で割っているので**無次元量**の変数である．無次元時間は，代表速度で代表長さを通過するのに必要な時間を単位とする．圧力は ρU^2 を代表エネルギーとして無次元化されている．通常，エネルギーにつく係数 1/2 が省略されているのは，ナビエ・ストークス方程式を変換したときにすっきりとした形に整頓するためである．

これらの変換をナビエ・ストークス方程式 (4.12) と (4.13) とに代入すると次の無次元形の方程式

$$
\frac{\partial u'}{\partial t'} + u'\frac{\partial u'}{\partial x'} + v'\frac{\partial u'}{\partial y'} = -\frac{\partial p'}{\partial x'} + \frac{1}{R_e}\left(\frac{\partial^2 u'}{\partial x'^2} + \frac{\partial^2 u'}{\partial y'^2}\right) \tag{4.37}
$$

$$
\frac{\partial v'}{\partial t'} + u'\frac{\partial v'}{\partial x'} + v'\frac{\partial v'}{\partial y'} = -\frac{\partial p'}{\partial y'} + \frac{1}{R_e}\left(\frac{\partial^2 v'}{\partial x'^2} + \frac{\partial^2 v'}{\partial y'^2}\right) \tag{4.38}
$$

となる．ここで，R_e は**レイノルズ数** (Reynolds number) と呼ばれ，

$$
R_e = \frac{UL}{\nu} \tag{4.39}
$$

である．一般的にレイノルズ数が小さければ粘っこい流れを表すが，それは**粘性力**に対する**慣性力**の比として考えられる．また，式 (4.37) と (4.38) とから，無次元の流れ場は物理パラメータであるレイノルズ数のみに依存することがわかる．

境界条件として，物体の境界上で $u = 0, v = 0$ であり，物体から離れたところで $u \to U, v \to 0$ であるような条件を考える．これらの境界条件は，境界上で $u' = 0, v' = 0$ および物体から離れたところでは $u' \to 1, v' \to 0$ と無次元化される．

幾何学的に相似な流れは，そのレイノルズ数が等しければ無次元化された流れは等しくなる．その一例として，実機の飛行機まわりの流れを解明する

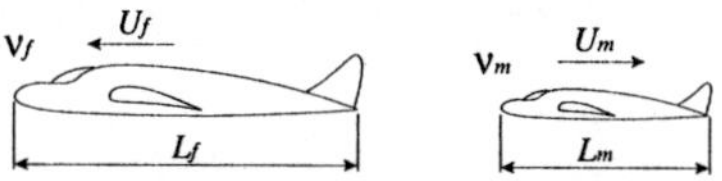

図 **4.9** 飛行機とその模型との相似流れ

風洞実験があげられる．これは，実機と幾何学的に相似な模型を作り，それを風洞に入れて流れを測定する方法である．もちろん，両者のレイノルズ数 $U_f L_f/\nu_f = U_m L_m/\nu_m$（図 4.9 参照）を等しくすれば，その無次元化した流れは同じなので風洞実験の測定値から実機まわりの流れが簡単な変換により求められる．このように，もし R_e が同じであれば，実機および模型まわりの流れは一見すると異なってみえるが，スケールを変えた無次元流れの観点からみると本質的に両者の流れは同じなのである．

上にあげられた例は両者とも流れの問題であった．しかし，物理現象が異なっていてもそれを支配する方程式が同一の場合が多い．たとえば，任意の断面を有するまっすぐな管内流れを知るには，その断面の外形を針金で作り，それに石けん膜を張り，圧力をかけて膜の変位を調べればよい．主流分布と石けん膜の変位が同じとみなせることは，管内流れの方程式と石けん膜を支配する方程式が一致するからである．

このように異なった物理現象の間にアナロジーが存在する場合がある．別の立場から流れの現象を見つめると新しい解釈ができ理解が深まる．

4.6 次元解析とスケール則

まっすぐな円管内流れの**乱流遷移**がレイノルズ数 $R_e \approx 2300$ で生じることは，流速，パイプ直径や流体などをいろいろと変えた多くの実験から得られた結果である．このように実験結果から物理変数 U，D や ν の組み合わせやそれらの変数間の関係を見いだす場合，**次元解析**と呼ばれる方法が通常用いられる．この次元解析の原理は「**物理法則は測定や解析などで用いられた単位系に影響されない**」というものである．

次元の概念を明確にするために，物理量つまり流れ変数としてたとえば速度 v

を

$$v = \tilde{v}[v] \tag{4.40}$$

と書く．ここで，v が 3 m/s ならば，$[v]$ は v の次元量を表し $[v] = \mathrm{m/s}$ であり，$\tilde{v}$ はたんなる数値の 3 を表すものとする．等速度 v で運動している物体の移動距離 $l = vt$ は

$$\tilde{l}[l] = \tilde{v}[v] \times \tilde{t}[t] \tag{4.41}$$

である．等号は両辺の数値が一致することはもちろんのこと，次元量も $[l] = [v][t] = \mathrm{m}$ で等しくなければならない．式 (4.41) をメートル以外の単位系，たとえば単位長さが 1 foot=0.3048 m であるフィートの単位系で考える．式 (4.41) の右辺の数値 $\tilde{v}$ はメートル系の 1/0.3048 倍であるが，左辺の $\tilde{l}$ も 1/0.3048 倍されるので，式 (4.41) はフィート系でもいぜん成立する．

これからは基本単位の記号を一般化して，質量を M，長さを L および時間を T とし，これら 3 つの基本単位に限定して議論する．ある流れ変数 a を

$$a = \tilde{a}[a], \quad \tilde{a} : \text{実数}, \quad [a] = M^{\alpha} L^{\beta} T^{\gamma} \tag{4.42}$$

と表す．ここで，α, β, γ は有理数である．また，$[a] = M^0 L^0 T^0$ の場合，流れ変数 a は無次元量と呼ばれる．この無次元量を簡単に [1] として表す．

流れの現象は変数間で成り立つ関係式で記述される．一例として，その現象に関係すると思われる流れ変数を $b, a_1, a_2, a_3, b_1, b_2$ とし，次の関係式

$$b = \tilde{f}(a_1, a_2, a_3, b_1, b_2) \tag{4.43}$$

を満たしていると仮定する．ここで，a_1, a_2, a_3 は互いに次元が独立しているとし，これらの変数について流れ変数 b, b_1, b_2 は次元が従属していると仮定する．

ここで少しばかり一般的な議論を行う．まず流れ変数 $a = \tilde{a}[M^{\alpha} L^{\beta} T^{\gamma}]$ と $b = \tilde{b}[M^{\alpha'} L^{\beta'} T^{\gamma'}]$ との間で次元が従属するとは，

$$[b] = [a]^k, \quad M^{\alpha'} L^{\beta'} T^{\gamma'} = M^{k\alpha} L^{k\beta} T^{k\gamma} \tag{4.44}$$

を満たすような有理数 k が存在することである．

そこで次元独立な変数の個数を求めるために，流れ変数 $a, b, c, \cdots$ の次元行列

	a	b	c	$\cdots$
M	α_1	β_1	γ_1	$\cdots$
L	α_2	β_2	γ_2	$\cdots$
T	α_3	β_3	γ_3	$\cdots$

を考える．この行列の各列には流れ変数の次元量の基本単位のべき数，たとえば第 1 列の流れ変数 a の次元量 $[a] = M^{\alpha_1}L^{\alpha_2}T^{\alpha_3}$ のべき数を並べた．式 (4.44) より，次元行列において 2 つの流れ変数の間で次元が従属すれば，その流れ変数の列を k 倍した値はもう 1 つの流れ変数の列に一致する．つまり次元行列の行列式は 0 になる．次元が独立な変数の個数は，線形代数より次元行列の階数 (rank) に等しいことになる．ここで取り上げられた例では基本単位は 3 つしかないので，次元独立な流れ変数の個数はたかだか 3 である．

ここで一般的な議論をやめて最初の問題にもどる．次元従属している変数 b, b_1, b_2 は，次元独立の変数 a_1, a_2, a_3 で表すことができる．よって，

$$[b] = [a_1]^p[a_2]^q[a_3]^r \tag{4.45}$$

$$[b_i] = [a_1]^{p_i}[a_2]^{q_i}[a_3]^{r_i}, \quad i = 1, 2 \tag{4.46}$$

となる有理数 $p, q, r, \cdots$ が存在する．

流れ変数のスケールを変換するため，次元独立な変数 a_i $(i = 1, 2, 3)$ を基本単位と仮定する．つまり，次元独立な各変数 a_i は

$$a_i' = a_i/a_i, \quad \text{つまり} \quad a_i' = 1[1] \tag{4.47}$$

となる．流れ変数 a_i に次元が従属する変数 b は，式 (4.45) より

$$\tilde{b}'[1] = \frac{b}{a_1^p a_2^q a_3^r}(= \Pi) \tag{4.48}$$

として無次元化される．ここで，無次元変数 Π はパイナンバーと呼ばれる．同様に，次元従属な変数 b_i, $i = 1, 2$ も，式 (4.46) より

$$\tilde{b}_i'[1] = \frac{b_i}{a_1^{p_i} a_2^{q_i} a_3^{r_i}}(= \Pi_i), \quad i = 1, 2 \tag{4.49}$$

のように無次元化され，その無次元変数をパイナンバー Π_i とする．

式 (4.43) は次元独立な変数 a_i を単位の流れ変数として記述しても関数関係は成り立つ．すなわち，

$$\tilde{b}'[1] = f(1[1],\ 1[1],\ 1[1],\ \tilde{b}'_1[1],\ \tilde{b}'_2[1]) \tag{4.50}$$

が成立する．両辺とも無次元の流れ変数なので，各変数の数値のみの関係を考えると，

$$\tilde{b}' = f(\tilde{b}'_1,\ \tilde{b}'_2) \tag{4.51}$$

が成立する．ここで，式 (4.50) に含まれる定数 1 は関数関係に無関係なので除外される．同じことであるが，パイナンバー Π や Π_i で表すと，

$$\Pi = f(\Pi_1,\ \Pi_2) \tag{4.52}$$

となる．

最初に，式 (4.43) は 6 つの変数 $b, a_1, a_2, a_3, b_1, b_2$ が含まれていた．無次元量のパイナンバー Π, Π_1, Π_2 を定義することにより，3 つの変数による関係式になった．1 つの長所として，これらの変数間の関係を実験で求めるのに，6 個でなく 3 個の変数ですむので実験は大いにはかどると思われる．

4.6.1　次元解析の例題

一様流 U におかれた平板 l にはたらく抗力 D を次元解析で考えてみる (図 4.10)．抗力は，もっぱら粘性より生じるので粘性係数 μ および流体の慣性力にも寄与する密度 ρ に関係すると思われる．もちろん，U および l も関係する．したがって，抗力 D について

$$D = f(\rho, U, l, \mu) \tag{4.53}$$

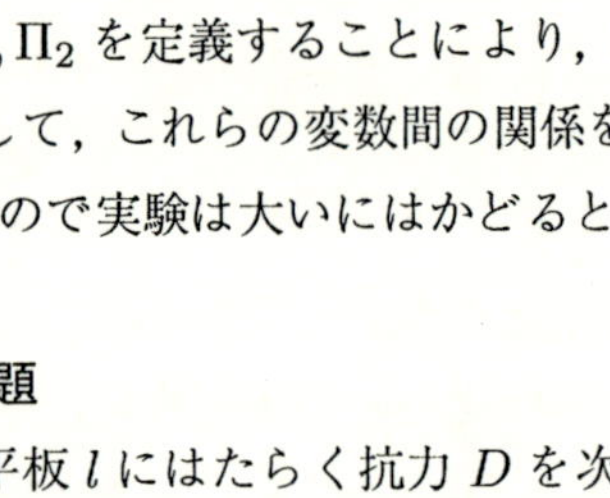

図 4.10　平板流れにはたらく抗力

なる関係式が考えられる．

まず，各変数の次元は

$$[D] = MLT^{-2},\ [\rho] = ML^{-3},\ [U] = LT^{-1},\ [l] = L,\ [\mu] = ML^{-1}T^{-1}$$

である．密度 ρ の次元は単位体積あたりの質量，加速度が単位時間あたりの速度の変化 $(L/T)/T$ であることを用いて，抗力の次元は質量 × 加速度より求まる．粘性係数の次元は定義に従って求める方法もあるが，レイノルズ数 $R_e = Ul/(\mu/\rho)$ が無次元量であることを理解していれば，$[\mu] = [\rho][U][l]$ からも求められる．

これらの変数による次元行列を求めると，

	D	ρ	U	l	μ
M	1	1	0	0	1
L	1	-3	1	1	-1
T	-2	0	-1	0	-1

となる．この次元行列の階数は 3 である．よって経験的な立場から，3 つの次元独立な変数として ρ, U, l を仮定する．残りの変数 D, μ が変数 ρ, U, l に従属することになる．変数 D と μ の次元を考えると，

$$[D] = MLT^{-2} = [\rho]^{\alpha}[U]^{\beta}[l]^{\gamma} = (ML^{-3})^{\alpha}(LT^{-1})^{\beta}L^{\gamma}$$

$$[\mu] = ML^{-1}T^{-1} = [\rho]^{\alpha'}[U]^{\beta'}[l]^{\gamma'} = (ML^{-3})^{\alpha'}(LT^{-1})^{\beta'}L^{\gamma'}$$

となる．両辺が成り立つようなべき数として

$$\alpha = 1, \quad \beta = 2, \quad \gamma = 2, \quad \alpha' = 1, \quad \beta' = 1, \quad \gamma' = 1$$

が得られる．これよりパイナンバーを求めると，

$$\Pi = \frac{D}{\rho U^2 l^2}, \quad \Pi_1 = \frac{\rho U l}{\mu} = R_e$$

となる．したがって，抗力 D は式 (4.52) より

$$\frac{D}{\rho U^2 l^2} = f(R_e)$$

なる関係式が得られる．

4.7 境界層の概要

一様流の中におかれた平板まわりの粘性流れは，壁近くの層において速度が大きく変化し，その厚さはきわめて薄い．プラントル (Prandtl) はこのような観測事実をふまえて，粘性が支配的な**境界層**内の流れとその層外の非粘性のポテンシャル流れとに分けて考えた．まずポテンシャル流れの方は方程式も線形となりその解もよく研究されている．そこで，境界層内の流れは粘性が支配的であるという条件で，ナビエ・ストークス方程式の各項のオーダを比較して**境界層方程式**を提唱した．その結果，完全なナビエ・ストークス方程式を解くかわりによりシンプルな境界層方程式により粘性効果を評価することができた．さらに，境界層内の流れとそれ以外のポテンシャル理論より求められた流れとを接合することにより，流れ全体を近似的に把握することも可能になった．これにより，流体機械や航空機などでもっとも都合が悪くかつ危険でもある流れのはく離現象などが解明できた．

4.7.1 境界層方程式の導出

境界層内は粘性による効果が支配的であるので，この条件のもとでナビエ・ストークス方程式の各項がどのようなオーダになるかを調べてみよう．説明を簡単にするため，一様流 U_∞ に置かれた長さ L の平板を取りあげる．そして，平板の前縁を原点 O とし，流れ方向を x 軸，それに直交する方向を y 軸とする (図 4.11)．ナビエ・ストークス方程式のオーダを評価する一例として，$\partial u/\partial x$ を取り上げる．この $\partial u/\partial x$ の定義は

$$\frac{\partial u}{\partial x} \sim \frac{\delta u}{\delta x} \tag{4.54}$$

である．境界層内の x のとりうる値は，平板の前縁 $x = 0$ から長さ L までであるので，x の変化する範囲は $\delta x \sim (L - 0)$ となる．同じように速度 u は，最小値は平板上の速度 $u = 0$，最大は主流の速度 U_∞ となる．よって，u の考えられる最大の変化は $\delta u \sim (U_\infty - 0)$ となる．よって，

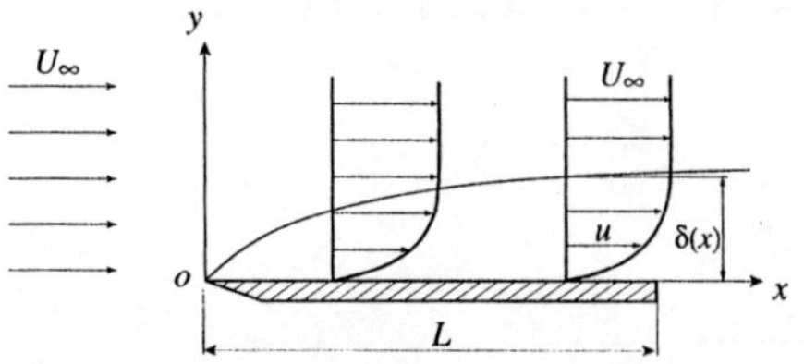

図 4.11 平板流れの境界層

$$\frac{\partial u}{\partial x} \sim \frac{U_\infty - 0}{L - 0} \tag{4.55}$$

つまり，$\partial u/\partial x$ は U/L 程度のオーダとみなされる．これを同程度のオーダの記号 $\sim$ を用いて表す．

境界層内における長さの尺度として x 方向では板の長さ L であり，y 方向は境界層の厚さ δ とする．ここで境界層の厚さは速度が主流に一致する点までの平板からの高さを意味する．後で詳しく述べるが，**境界層の厚さ** δ は無限大である．しかし実際には平板近くで速度は主流にほとんど一致するので，そのような有界な厚さを境界層の尺度と考える．

速度の尺度のうち x 方向の速度成分は主流の速度 U_∞ であるが，y 方向の速度成分 V は連続の式 (4.14) から評価される．連続の式の各項のオーダをとると

$$O\left(\frac{\partial u}{\partial x}\right) + O\left(\frac{\partial v}{\partial y}\right) \sim \frac{U_\infty}{L} + \frac{V}{\delta} \sim 0 \tag{4.56}$$

となる．各項のオーダは同程度でキャンセルしあって 0 となる必要があるので，

$$\frac{U_\infty}{L} \sim \frac{V}{\delta}, \quad V \sim \frac{\delta}{L} U_\infty \tag{4.57}$$

がえられる．板の長さに対する境界層の厚さの比は観測事実より $\delta/L \ll 1$ なので，y 方向の速度成分 V はきわめて小さなオーダと考えられる．連続の式は各項が同じオーダなので，式 (4.14) は境界層内でも成り立つ．

つづいて，ナビエ・ストークス方程式 (4.12) と (4.13) の各項のオーダを表 4.2 で示す．ここで，各項のオーダを見やすくするために，$u\,\partial u/\partial x$ のオーダを 1 とした相対的なオーダも示す．ここで，圧力のオーダは駆動力であるのでそのオーダは保留にしておく．

表 4.2 ナビエ・ストークス方程式の各項のオーダ

$u\dfrac{\partial u}{\partial x}$	$v\dfrac{\partial u}{\partial y}$	$\dfrac{1}{\rho}\dfrac{\partial p}{\partial x}$	$\nu\dfrac{\partial^2 u}{\partial x^2}$	$\nu\dfrac{\partial^2 u}{\partial y^2}$
$\dfrac{U_\infty^2}{L}$	$\dfrac{U_\infty^2}{L}$	?	$\dfrac{U_\infty^2}{L}\dfrac{\nu}{LU_\infty}$	$\dfrac{U_\infty^2}{L}\dfrac{\nu}{LU_\infty}\left(\dfrac{L}{\delta}\right)^2$
1	1	?	$\dfrac{1}{R_e}$ $\left[\left(\dfrac{\delta}{L}\right)^2\right]^*$	$\dfrac{1}{R_e}\left(\dfrac{L}{\delta}\right)^2$ $[1]^*$
$u\dfrac{\partial v}{\partial x}$	$v\dfrac{\partial v}{\partial y}$	$\dfrac{1}{\rho}\dfrac{\partial p}{\partial y}$	$\nu\dfrac{\partial^2 v}{\partial x^2}$	$\nu\dfrac{\partial^2 v}{\partial y^2}$
$\dfrac{U_\infty^2}{L}\dfrac{\delta}{L}$	$\dfrac{U_\infty^2}{L}\dfrac{\delta}{L}$	?	$\dfrac{U_\infty^2}{L}\dfrac{\nu}{LU_\infty}\dfrac{\delta}{L}$	$\dfrac{U_\infty^2}{L}\dfrac{\nu}{LU_\infty}\dfrac{L}{\delta}$
$\dfrac{\delta}{L}$	$\dfrac{\delta}{L}$	?	$\dfrac{1}{R_e}\dfrac{\delta}{L}$ $\left[\left(\dfrac{\delta}{L}\right)^3\right]^*$	$\dfrac{1}{R_e}\left(\dfrac{L}{\delta}\right)$ $\left[\left(\dfrac{\delta}{L}\right)\right]^*$

まず，表 4.2 の上の欄 (x 方向の成分) で示される各項のオーダのうち 2 つの粘性項を比較する．あきらかに，$\nu\partial^2 u/\partial y^2$ は $\nu\partial^2 u/\partial x^2$ より $(L/\delta)^2 \gg 1$ だけオーダが大きい．よって，後者の粘性項は無視する．つぎに，前者の粘性項 $\nu\partial^2 u/\partial y^2$ と慣性項とがバランスするものと仮定する．そこで，粘性項の $O(1/R_e \cdot (L/\delta)^2)$ と慣性項の $O(1)$ とが成立するには，$R_e = UL/\nu$ が

$$R_e \sim \left(\frac{L}{\delta}\right)^2 \gg 1 \tag{4.58}$$

を満たすようにとる必要がある．

表 4.2 のかっこ $[\quad]^*$ は，R_e に $(L/\delta)^2$ を代入してオーダ比較を見やすくした．$\delta/L \ll 1$ なので，自明ながら粘性項 $\nu\partial^2 u/\partial x^2$ は他の項と比較して無視できる．したがって，$R_e \sim (L/\delta)^2$ の条件のもとでナビエ・ストークス方程式 (4.12) は，

$$u\frac{\partial u}{\partial x} + v\frac{\partial u}{\partial y} = -\frac{1}{\rho}\frac{\partial p}{\partial x} + \nu\frac{\partial^2 u}{\partial y^2} \tag{4.59}$$

と近似される．

つぎに y 方向のオーダをみると，圧力以外はいずれも $O(\delta/L)$ 以下のオーダである．したがって，圧力こう配 $-1/\rho\ \partial p/\partial y$ はたかだか $O(\delta/L)$ の項とバランスする必要がある．$O(\delta/L) \ll 1$ であるので，y 方向の圧力こう配は

$$\frac{\partial p}{\partial y} = 0 \tag{4.60}$$

となる．つまり，圧力は y に無関係で $p = p(x)$ となるので，ある位置 x の

境界層外縁の圧力がわかると，その下に位置する境界層内部の圧力はすべて同じとなる．境界層外縁では渦なし流れ，かつ式 (4.57) より y 方向の速度成分 V は無視できる．そこで境界層外縁の流線にベルヌーイの定理を適用すれば，$1/2 \cdot U_\infty^2 = -p/\rho$ が成立する．両辺を x で微分すると，

$$U_\infty \frac{dU_\infty}{dx} = -\frac{1}{\rho}\frac{dp}{dx} \tag{4.61}$$

が得られる．

以上をまとめると，レイノルズ数が $R_e \sim (L/\delta)^2 \gg 1$ であるかぎり，平板流れに対する境界層近似が成り立つ．境界層方程式は，式 (4.61) を (4.59) に代入した，

$$u\frac{\partial u}{\partial x} + v\frac{\partial u}{\partial y} = U_\infty \frac{dU_\infty}{dx} + \nu \frac{\partial^2 u}{\partial y^2} \tag{4.62}$$

がよく用いられる．

連続の式は，境界層内でも

$$\frac{\partial u}{\partial x} + \frac{\partial v}{\partial y} = 0 \tag{4.63}$$

が成立する．

境界条件は

$$u = v = 0 \quad \text{at} \quad y = 0, \quad u = U_\infty \quad \text{at} \quad y = \delta \tag{4.64}$$

が用いられる．式 (4.62) を x 方向のナビエ・ストークス方程式 (4.12) と比較すると，たんに $\nu \partial^2 u/\partial x^2$ の項が落ちているだけである．しかし，これだけの事実でも解析が容易になり粘性の効果が取り入れられることになった．

4.7.2 境界層の性質

境界層の性質を説明するために，まず平板の近くで成立する渦度の方程式を求める．簡単のため，紙面に直角な渦度成分 $\omega = \partial v/\partial x - \partial u/\partial y$ のオーダを比較すると，$O(\delta/L) \ll 1$ より

$$\omega \approx -\frac{\partial u}{\partial y} \tag{4.65}$$

と近似される．境界層方程式 (4.62) を y で微分し，式 (4.65) と連続の式 (4.63) を用いると

$$u\frac{\partial \omega}{\partial x}+v\frac{\partial \omega}{\partial y}=\nu\frac{\partial^2 \omega}{\partial y^2} \tag{4.66}$$

が得られ．この式は渦度に対する境界層方程式である．

一様流に置かれた平板上で速度は 0，隣接したすぐ上の層ではある速度で流れているのでせん断により渦度が生じる．もし平板がなければ流れは何ら変化せず一様流で流れるだけである．つまり流れ全体で渦度は 0 である．言い換えると，平板が存在することにより渦度が生じるので，平板は渦発生装置とみなせる．一様流は渦度が 0 なので，拡散の原理によって渦度の高いところから低いところ，つまり壁から流れのなかへ拡散して渦度は一様になろうとする．その現象は式 (4.66) の右辺によって表される．壁から拡散した渦度は，式 (4.66) の左辺の対流項によって下流に押し流される．その結果，渦度をもつ流体は，壁にごく近い境界層内に閉じこめられる．

この現象は温度が 0 である一様流に置かれた加熱平板の温度分布と対比すると理解しやすくなる．平板と流体との間に温度差があるので，拡散項により温度が高いところから低いところ，つまり熱は平板から流体へ拡散する．その熱は，対流項によってわずかに上昇しつつ下流へ押し流される．その結果，温度が激しく変化する層が平板の近くで形成され，それは**温度境界層**といわれる．

4.7.3　境界層厚さの定義

境界層を調べるのに，境界層の厚さを定量的に見積もることは実験や解析する上で必要である．境界層厚さは，速度が主流に一致する点までの壁からの高さとして定義される．境界層厚さの定義を厳密に適用すると，境界層の厚さ $\delta(x)$ は無限大となる．境界層厚さを無限大として取り扱うのは，実験や解析するにも不便でもあるので，次のような種々の**境界層厚さ**が定義されている．

実験で用いられる境界層の定義としては，流れを測定するうえで都合がよい δ_{99} または δ_{995} が用いられている．これは，速度が主流の 99 %または 99.5 %になる壁からの高さである．一方，解析で用いられるのは，**排除厚さ** δ^* や**運動量厚さ** θ

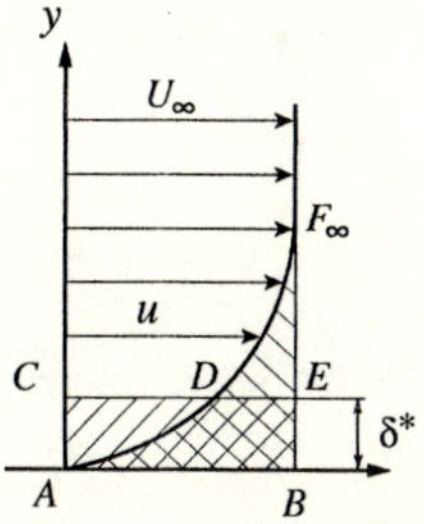

図 4.12 排除厚さの定義

$$\delta^* = \int_0^\delta \left(1 - \frac{u}{U_\infty}\right) dy \tag{4.67}$$

$$\theta = \int_0^\delta \frac{u}{U_\infty}\left(1 - \frac{u}{U_\infty}\right) dy \tag{4.68}$$

と呼ばれるものである．ここで，積分範囲の境界層厚さ δ は無限大である．

排除厚さ δ^* がどのように定義されたか知るために，式 (4.67) を

$$U_\infty \delta^* = \int_0^\infty (U_\infty - u) dy \tag{4.69}$$

として書き直す．図 4.12 で示されるように式 (4.69) の左辺は面積 $ABEC$ である．この面積は粘性によって減速する体積流量の欠損分つまり右辺の面積 $ABF_\infty DA$ に等しい．これより排除厚さ δ^* は体積流量が平板境界層によってどれだけ欠損するかの尺度と考えられる．つまり，非粘性流れによる壁面上の流線が境界層によって δ^* だけ押し上げられ排除されたと考えたものである．同様に，式 (4.68) から明らかなように運動量厚さは運動量の欠損という立場から定義されたものである．

4.7.4 はく離とその制御

ゆるやかな曲面に沿って流れる境界層内の速度分布を示す (図 4.13)．まず，前縁に近いある点で圧力こう配 $dp/dx < 0$ によって図 4.13 で示されるような速度分布が得られているとする．この場合，上流側の圧力が下流側のそれより大きいことを意味し，明らかに流れは壁近くでも速度が大きくいわゆる肥った

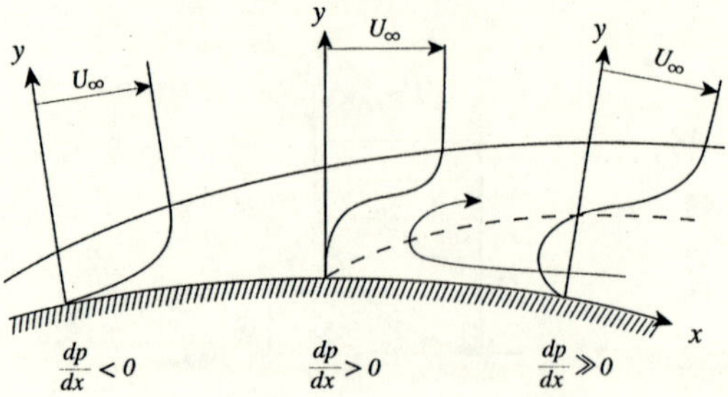

図 4.13　圧力こう配と速度分布との関係

分布が得られる．下流に進むにつれて圧力こう配が大きくなり，とくに壁近くの流体がすこし減速される．さらに下流に進み，ある圧力こう配を越えると壁近くの流れが上流側に押し戻され逆流が生じるようになる．逆流がまさに発生しようとする条件は壁で速度分布が y 軸に接する $(\partial u/\partial y)_{y=0} = 0$ である．この条件は壁におけるせん断力が $\tau_w = \mu(\partial u/\partial y)_{y=0} = 0$ でもある．これは粘性で流体を壁に粘着させることができなくなり流体が壁からまさしく離れようとするはく離状態である．したがって，はく離の条件は

$$0 = \left(\frac{\partial u}{\partial y}\right)_{y=0} \tag{4.70}$$

である．はく離の下流では流れは不安定になり乱流に遷移するのが一般的である．それゆえにはく離は翼の失速や抗力の増大といったあまり好ましくない状態を引き起こす．

はく離を防ぐやり方の 1 つとして壁付近に運動エネルギーを供給することが考えられる．そうすれば，壁付近の流れが加速されいわゆる肥えた速度分布が得られので，流れははく離しないことになる．壁付近に運動エネルギーを供給する方法として，

- 壁付近にスリットを設け，そこから壁にそって流体を流す (図 4.14).
- 壁から流体を吸い出すことにより一様流のもつ大きな運動エネルギーを壁付近に誘導する (図 4.15).
- 境界を動かして壁上の流体に直接，運動エネルギーを与える (図 4.16).

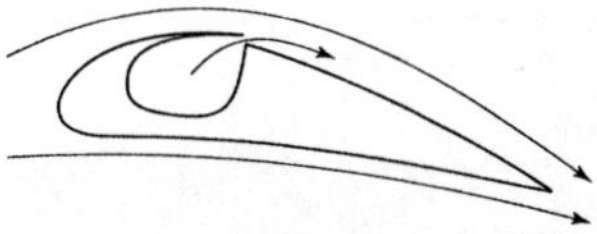

図 **4.14** 境界層制御：スリットからの吹き出し

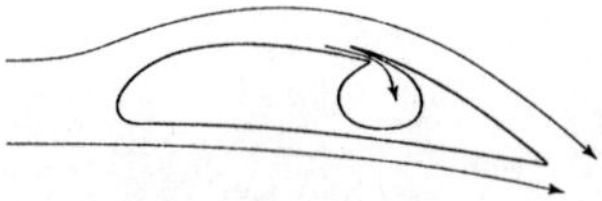

図 **4.15** 境界層制御：スリットへの吸い込み

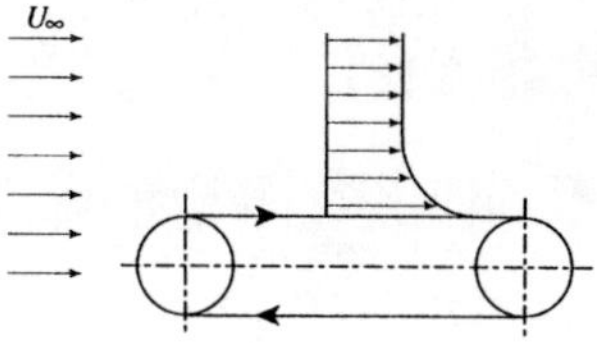

図 **4.16** 境界層制御：運動する壁

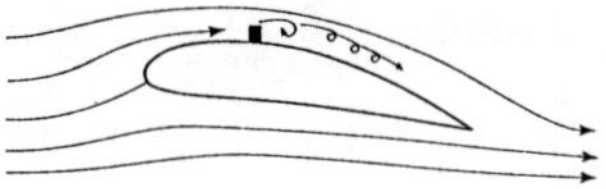

図 **4.17** 境界層制御：攪乱による拡散

- 境界層流れを攪乱することにより一様流のエネルギー交換を促進させ，結果としてエネルギーが壁付近に流れ込む (図 4.17).

などがあげられる．はく離を防ぐことは境界層の制御と呼ばれている．

Coffee Break

ゴルフボールのディンプル

ゴルフをやったことのある人はご存じだろう．やったことのない人でもゴルフのボールの表面に小さなでこぼこがあることを知っている人は多いと思う．このでこぼこはディンプル（えくぼのこと）と呼ばれる．このでこぼこは本文でも述べたように，球まわりの境界層を乱して，層流境界層を乱流境界層に遷移させ，はく離点を後方に移動させることにより抵抗を減らす効果がある．図 4.18 にある，左側の写真は滑らかな表面をもつ球まわりの流れで，右側の写真がディンプルのある球まわりの流れである．両者を比較するとディンプルのある球の方が，はく離点が後ろにあり，後流の領域も小さいことがわかる．実験は水槽で行っており，可視化は染料を用いている．流れのレイノルズ数は 6×10^4 である．このディンプルの効果については，多くの教科書で取りあげられている．しかしゴルフボールのディンプルはこういった境界層を乱流に変える効果

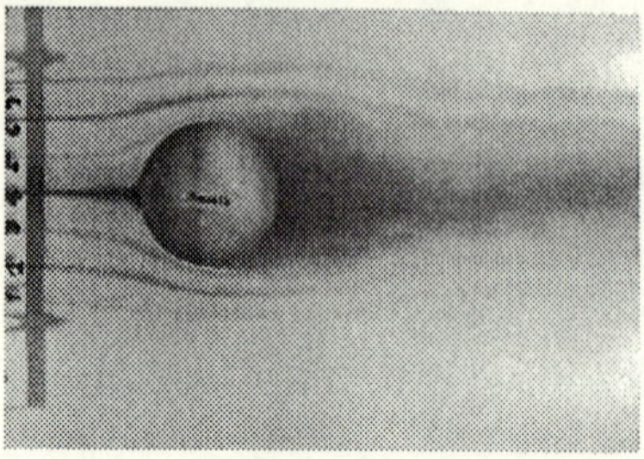

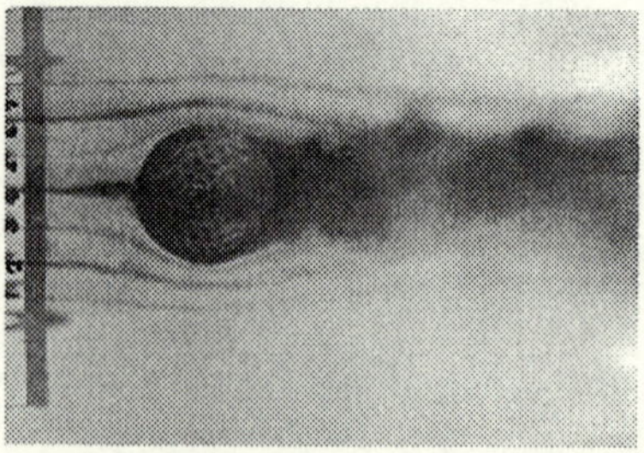

図 4.18 滑らかな球（左）とディンプルのついた球まわりの流れ（木村・蔦原，1984）

以外に，キャビティ内をくるくると回る流れ（キャビティ流れ）が生じていることもわかっている．このキャビティ流れが，はく離点を後方に下げ抵抗を減らす効果もあり，単なる荒さの効果だけではない．小さなボールの表面のでこぼこにも，流体力学のエッセンスが詰まっている．

4.7.5 ブラジウスによる解法

境界層方程式を一様流におかれた平板流れに適用する．境界層外では一様流 U_∞ のポテンシャル流れであるので，境界層外縁の流線上で $dU_\infty/dx = 0$ が成立する．式 (4.61) より圧力こう配は $dp/dx = 0$ となるので，境界層外縁で p は一定である．よって，式 (4.60) により境界層内の圧力はすべての点で同じになる．平板の前縁を原点，流れの向きを x とするような座標系をとる (図 4.19)．その流れを支配する連続方程式，境界層方程式および境界条件を以下にまとめて書く．

$$\frac{\partial u}{\partial x} + \frac{\partial v}{\partial y} = 0 \tag{4.71}$$

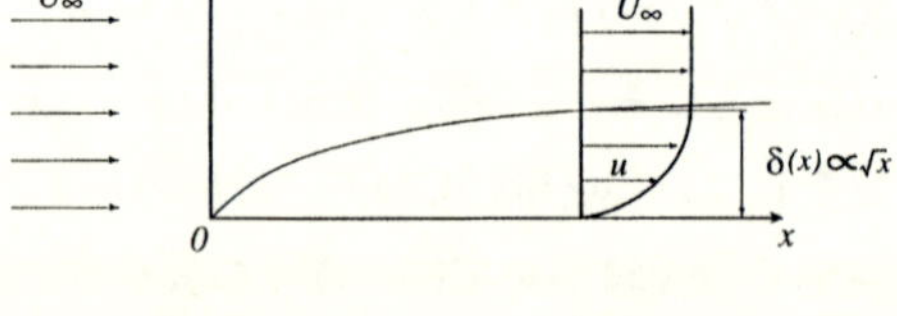

図 4.19 圧力こう配による壁近くの境界層流れの変化

$$u\frac{\partial u}{\partial x}+v\frac{\partial u}{\partial y}=\nu\frac{\partial^2 u}{\partial y^2} \tag{4.72}$$

$$u=0,\, v=0 \quad \text{at} \quad y=0, \quad \text{および} \quad u\to U_\infty \quad \text{at} \quad y\to\infty \tag{4.73}$$

となる．

この平板境界層問題では，無限に長い平板を考えているので，平板長さを代表長さにとることができない．そこで長さの局所的な尺度として，平板前縁からの長さ x をとる．レイノルズ数はこの x を基準にした，$R_{ex}=xU_\infty/\nu$ を用いる．

式 (4.58) より，境界層厚さのスケールを l として

$$l(x)=\frac{x}{\sqrt{R_{ex}}}=\sqrt{\frac{\nu x}{U_\infty}} \tag{4.74}$$

が考えられる．この l を用いて無次元量 $\eta=y/l$ を定義する．l は有限値なので，前縁 $x=0$ をのぞいて平板上 $y=0$ が $\eta=0$，$y\to\infty$ が $\eta\to\infty$ と変換される．主として，速度は境界層内で変化し，その外縁 $\eta\gg 1$ で x に無関係に $u/U_\infty\approx 1$ となる．よって，無次元速度分布 u/U_∞ は x に無関係に η のみの関数で表されると考えられる．

境界層方程式に含まれる従属変数として u のみならず v も存在する．2 変数による計算は 2 つの方程式を連立させることになるので煩雑になる．そこで，式 (3.6) で定義された流れの関数 ψ をもちいる．すなわち，

$$u=\frac{\partial\psi}{\partial y}, \quad v=-\frac{\partial\psi}{\partial x} \tag{4.75}$$

である．式 (4.75) の u の式より $\delta\psi=u\delta y$ であるので，2 つの流れ関数の差 $\delta\psi$ はそれらの流線に直交する断面を通過する体積流量を表し，その次元は（速度 × 長さ）である．

境界層のスケールは l なので，$U_\infty\times l$ なる量は非粘性流体が境界層内を流れると仮定した場合の流量のオーダと考えられる．一方，流れ関数 ψ は境界層内の流量のオーダである．それらの比つまり無次元流れ関数 $\psi/U_\infty\times l$ を定義すると，それは x に依存しないと推測されるので，結局 η の関数と仮定される．ここで，$U_\infty\times l$ に式 (4.74) を代入すると，無次元流れ関数は $\psi/\sqrt{\nu U_\infty x}$ と

なる.

これらのことを考慮して,

$$\psi = \sqrt{\nu U_\infty \xi} f(\eta), \quad x = \xi, \quad y = \eta \sqrt{\frac{\nu \xi}{U_\infty}} \tag{4.76}$$

となる無次元変換を考える. 従属および独立変数との関係をまとめると,

$$\psi = \psi(\xi(x), \eta(x, y)), \quad \xi(x) = x, \; \eta(x, y) = \sqrt{U_\infty / \nu x}\, y$$

である.

微分のチェーン則と式 (4.76) を用いて境界層方程式の各項を新しい変数 (ξ, η) で書き表すと,

$$u = \frac{\partial \psi}{\partial y} = \frac{\partial \psi}{\partial \xi}\frac{\partial \xi}{\partial y} + \frac{\partial \psi}{\partial \eta}\frac{\partial \eta}{\partial y} = U_\infty f'(\eta)$$

$$v = -\frac{\partial \psi}{\partial x} = -\left(\frac{\partial \psi}{\partial \xi}\frac{\partial \xi}{\partial x} + \frac{\partial \psi}{\partial \eta}\frac{\partial \eta}{\partial x}\right) = \frac{1}{2}\sqrt{\frac{\nu U_\infty}{\xi}}(\eta f'(\eta) - f(\eta))$$

$$\frac{\partial u}{\partial x} = -U_\infty f''(\eta)\frac{\eta}{2\xi}$$

$$\frac{\partial u}{\partial y} = U_\infty f''(\eta)\sqrt{\frac{U_\infty}{\nu \xi}}$$

$$\frac{\partial^2 u}{\partial y^2} = \frac{{U_\infty}^2}{\nu \xi} f'''(\eta)$$

となる. ここで, プライムは η についての微分を表す.

これらの式を境界層方程式に代入すると

$$2f''' + ff'' = 0 \tag{4.77}$$

が得られる. 境界条件は粘着の条件と, 壁から遠いところで一様流に漸近することにより,

$$f = 0, \; f' = 0 \quad \text{at} \quad \eta = 0, \quad f' \to 1 \quad \text{at} \quad \eta \to \infty \tag{4.78}$$

である. これらの式はブラジウス (**Blasius**) の方程式と呼ばれる. この式の特

徴は偏微分方程式である境界層方程式が常微分方程式に帰着し，流れが独立変数ηのみで記述できるようになったことである．この種の流れは相似流れと呼ばれる．

平板にはたらく摩擦は，

$$\tau_w = \mu \left(\frac{\partial u}{\partial y} \right)_{y=0} = \mu U_\infty \sqrt{\frac{U_\infty}{\nu x}} f''(0) \tag{4.79}$$

となる．$f''(0) = 0.332$ なので，せん断応力 τ_w は

$$\tau_w = 0.332 \rho U_\infty \sqrt{\frac{\nu U_\infty}{x}} \tag{4.80}$$

となる．そして，局所抵抗係数は，

$$c_f = \frac{\tau_w}{(1/2)\rho U_\infty^2} \tag{4.81}$$

として定義され，これに式 (4.80) を代入すると

$$c_f = \frac{0.664}{\sqrt{\frac{U_\infty x}{\nu}}} = \frac{0.664}{\sqrt{R_{ex}}} \tag{4.82}$$

として得られる．

粘性による摩擦がわかったので，長さ l，幅 b の片面にはたらく抗力は

$$D(l) = b \int_0^l \tau_w dx = 0.332 \rho b U_\infty \sqrt{\nu U_\infty} \int_0^l \frac{dx}{\sqrt{x}} = 0.664 \rho b \sqrt{\nu l}\ U_\infty^{3/2} \tag{4.83}$$

である．これより，平板にはたらく力は平板長さ l の 1/2 乗および一様流 U_∞ の 3/2 乗に比例する．さらに，次式で定義される抵抗係数，

$$C_f = \frac{D}{(1/2)\rho b l U_\infty^2} \tag{4.84}$$

は，式 (4.83) より

$$C_f = \frac{1.328}{\sqrt{\frac{U_\infty l}{\nu}}} = \frac{1.328}{\sqrt{R_e}} \tag{4.85}$$

として求められる．

4.7.6 運動量積分方程式の導出

境界層方程式は境界層内の一点における流れ場を記述する微分形の方程式である．したがって，この式を積分すれば境界層流れの正確な情報が得られる．しかしながら，この境界層方程式の解を求めることはいまだ困難をともない，ブラジウスが解析した平板境界層問題といったきわめて簡単な流れに限定される．そこで，境界層内の流れを厳密に求めることは脇において，境界層内の運動量のバランスを考えた方程式が導かれた．この式は**カルマン (Kármán) の運動量積分方程式**と呼ばれている．この方程式は運動量の保存則よりも得られるが，ここでは微積分のおさらいとして若干面倒であるが境界層方程式を積分して求める．

運動量積分方程式の導出を簡単にするために，速度欠損 u_d を

$$u_d = U_\infty - u, \qquad u = U_\infty - u_d \tag{4.86}$$

として定義する．これを境界層方程式 (4.62) の左辺に代入すると，

$$\begin{aligned} u\frac{\partial u}{\partial x} + v\frac{\partial u}{\partial y} &= u\frac{\partial}{\partial x}(U_\infty - u_d) + v\frac{\partial}{\partial y}(U_\infty - u_d) \\ &= -\frac{\partial u u_d}{\partial x} - \frac{\partial v u_d}{\partial y} + (U_\infty - u_d)\frac{dU_\infty}{dx} \end{aligned} \tag{4.87}$$

となる．式 (4.87) を境界層方程式 (4.62) に代入し，y について 0 から境界層厚さ $\delta(x)$ まで積分すると，

$$\begin{aligned} &-\frac{d}{dx}\int_0^\delta u u_d dy + (u u_d)_\delta \frac{d\delta(x)}{dx} - [v u_d]_0^\delta - \frac{dU_\infty}{dx}\int_0^\delta u_d dy \\ &= \nu \int_0^\delta \frac{\partial^2 u}{\partial y^2} dy \end{aligned} \tag{4.88}$$

となる．ここで，左辺第 1 項はライプニッツ (Leibniz) の公式 *1) を適用した．

境界条件は $y = 0$ で $(\mu/\rho)(\partial u/\partial y)_0 = \tau_w/\rho$，もちろん粘着の条件により

---

*1) 積分範囲が x の関数である場合，

$$\frac{d}{dx}\int_{a(x)}^{b(x)} f(x,s)ds = \int_{a(x)}^{b(x)} \frac{\partial}{\partial x} f(x,s)ds + f(x,b(x))\frac{db(x)}{dx} - f(x,a(x))\frac{da(x)}{dx}$$

が成立する．

$u=0,\ v=0$ である．また，$y=\delta$ では $\partial u/\partial y=0$ および $u_d=0$ である．これらの境界条件を式 (4.88) に代入し，式 (4.67) を用いると，**運動量積分方程式**

$$\frac{d}{dx}\int_0^\delta uu_d dy+\delta^* U_\infty \frac{dU_\infty}{dx}=\frac{\tau_w}{\rho} \tag{4.89}$$

が得られる．

運動量積分方程式は運動量の保存則からも求められる．式 (4.89) の左辺の第 1 項は運動量の変化を表し，第 2 項は $U_\infty dU_\infty/dx=1/\rho\cdot dp/dx$ と書き直せることにより圧力がなす仕事，右辺は粘性による摩擦力のなす仕事に対応する．運動量保存則は乱流にも適用できるので，運動量積分方程式 (4.89) は乱流も取り扱える．

式 (4.89) の左辺第 1 項は，式 (4.68) の運動量厚さ $\theta(x)$ により

$$\int_0^\delta uu_d dy=U_\infty^2\int_0^\delta \frac{u}{U_\infty}\left(1-\frac{u}{U_\infty}\right)dy=U_\infty^2\theta \tag{4.90}$$

となるので，式 (4.89) は

$$\frac{d\theta}{dx}+\frac{\theta}{U_\infty}\frac{dU_\infty}{dx}(H+2)=\frac{\tau_w}{\rho U_\infty^2} \tag{4.91}$$

のようにも表される．ここで，$H=\delta^*/\theta$ は**形状係数**と呼ばれ，とくに乱流境界層で重要なパラメータであり，速度分布を特徴づける．

運動量積分方程式は，x のみに依存する常微分方程式であり，偏微分方程式である境界層方程式よりその取り扱いは簡単になる．ポールハウゼン (Pohlhausen) は無次元変数 $\eta=y/\delta$ による 4 次の多項式近似で層流境界層の速度分布を仮定して，式 (4.89) の解を求めた．これによりはく離の条件が求められた．

4.8　物体形状と流体抵抗

流体中を移動する物体，あるいは静止した物体に流れが当たる場合に，流体による抵抗が物体に対してはたらくことは，常に経験することである．流体による力は表面力として，物体表面を通して物体に作用する．この表面力を物体の全表面にわたって積分して出てきた力のうち，流れの方向の成分が抵抗であ

る．そこで各表面に垂直な力の成分（すなわち圧力）によるものと，表面に平行な成分（せん断応力）によるものとに分け，前者を**圧力抵抗**，後者を**摩擦抵抗**と呼ぶ．両者をあわせて**全抵抗**と呼ぶ．

摩擦抵抗は流体の粘性によるものであり，レイノルズ数が小さい流れにおいて，相対的に重要となるのは理解できるが，あとで述べる流線形の物体においても重要となる．

まず，流れのレイノルズ数が小さい場合を考える．4.11 節の球にはたらく抵抗の説明で述べるように，圧力抵抗と摩擦抵抗の割合は 1 : 2 であり，同じオーダである．物体表面の摩擦力の合計は，ほぼ表面積に比例すると考えられるから，物体の流れに平行な部分の表面積が増加すれば，摩擦抵抗が増加するであろうと想像される．事実流れの方向に細長くのびた物体は，同じ断面の物体よりも抵抗は大きい．一般にレイノルズ数の小さな流れでは，表面積の小さな丸い物体が，抵抗が小さいことがわかる．

一方レイノルズ数が大きい流れでは，少し事情は複雑である．球のような物体，あるいは立方体のような角のある物体では，流れのはく離はさけられない．このような物体を鈍い物体（鈍頭物体）と呼ぶ．立方体のような凸の角のある物体は，その凸の角部で流れははく離する，これは角を回るとき圧力が下がるが，その下流で急激に圧力が上がるため，境界層がはく離するのである．このためこういった物体では，はく離点は固定されている．これに対し，球などの滑らかな曲面をもつ物体の場合，はく離点の位置は変化する．流れがはく離すると，物体後方に乱れた流れの後流域が形成される．この後流域は圧力が低下しており，物体に大きな圧力抵抗がはたらく．一般にこういった鈍い物体の抵抗は，摩擦抵抗もあるが，流れのはく離による圧力抵抗が抵抗の大部分を占めている．

もっとも簡単な形状である円柱について，流れのはく離と抵抗について詳しく調べてみよう．流れのレイノルズ数 $R_e = \frac{Ud}{\nu}$ が大きいときには，円柱表面に上流の岐点から境界層が生成される．境界層全体が層流に保たれるとき，円柱にはたらく単位幅あたりの抵抗係数 $C_D = D/(\frac{\rho}{2}u^2 S)$ は，図 4.20 に示されるようにレイノルズ数の増加とともに減少していく（抵抗の値自体は増加していることに注意する）．そしてレイノルズ数が $10^3 < R_e < 2 \times 10^5$ の範囲で，抵

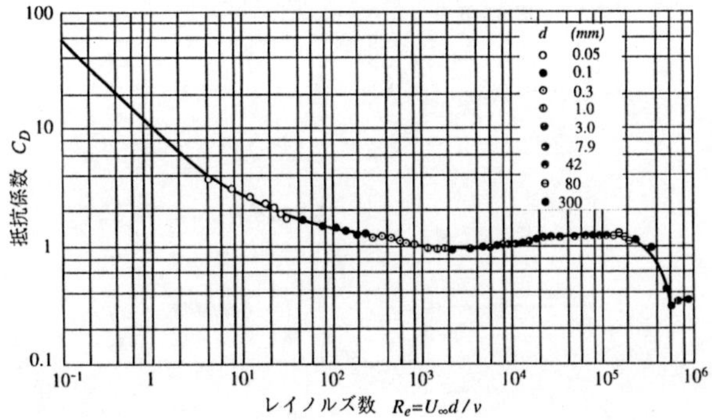

図 4.20 円柱の抵抗係数（宮井・木田・仲谷，1983）

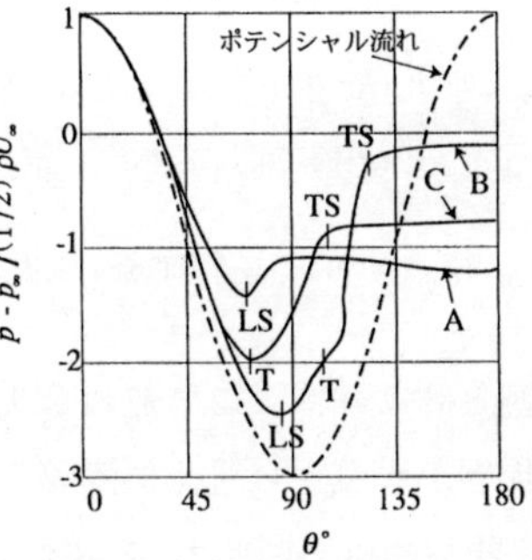

図 4.21 円柱表面の圧力分布（白倉・大橋，1969）

抗係数はほぼ 1 程度の一定値をとる．この範囲のレイノルズ数の流れでは，境界層はほぼ上流の岐点から 80° 付近ではく離し（層流はく離と呼ばれる），その下流では乱れた後流域となっている．このときの円柱表面での圧力の分布をみると（図 4.21），はく離点の少し上流で圧力が最小となり（ベルヌーイの式から境界層外縁の速度がこの付近で最大であることがわかる），圧力がふたたび上昇し始めたところで流れがはく離している．はく離域（後流域）ではほぼ圧力は小さな値で一様となっているのがわかる．もちろんこの圧力は時間的に平均されたものであり，後流域での圧力変動は小さくない．

レイノルズ数が 2×10^5 あたりで，抵抗係数が大幅に減少する．このレイノ

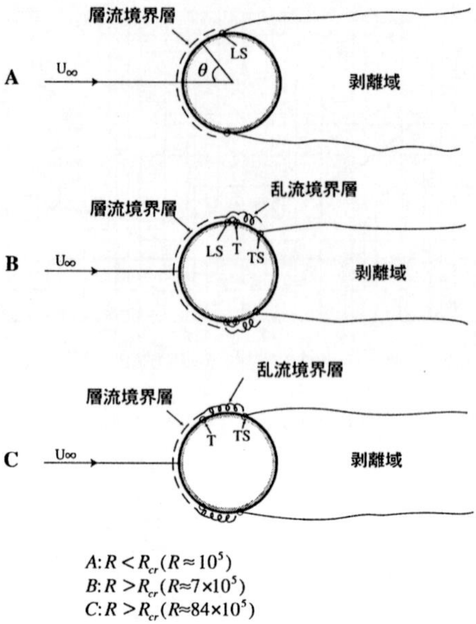

図 4.22　円柱表面のはく離点（白倉・大橋，1969）

ルズ数は**臨界レイノルズ数**と呼ばれ，ここで流れが大きく変化する．流れの変化する理由は，表面の境界層が層流から乱流に遷移するためである．岐点から円柱表面に沿って発達した境界層は，図 4.22 に示すように，層流のままいったんはく離する．しかし臨界レイノルズ数の流れでは，はく離した境界層ははく離せん断層として流れにでるが再び円柱表面に付着する．この再付着した境界層内の流れは不安定であって，乱流へ遷移している．つまり再付着後の境界層は乱流境界層となっている．乱流境界層では，運動量の交換は流体塊の激しい混合によりなされるので，境界層上部から境界層底部まで運動量が輸送され，その結果負の圧力こう配（下流にいくに従って圧力が上昇する）に抗してはく離が抑えられ，ずっと後方で再びはく離する（乱流はく離と呼ばれる）．また重要な要素として境界層がいったんはく離したあと再付着する際に，はく離せん断層と円柱表面との間に，厚みの小さな回転する部分（**はく離泡**と呼ばれる）が生じている．これを図 4.21 の圧力分布で確かめる．

まず岐点から円柱表面に沿って圧力が低下し，再び上昇する 90° 付近で圧力が 10° くらいの間一定値を保っている．これはいったん境界層が層流はく離し，はく離泡ができているためである．その後，境界層は乱流となって再付着し 135° 付近ではく離し，そのあとは後流域となりほぼ一定の圧力となる．このとき抵抗係数は急激な減少を見せ，ほぼ 0.3 とそれ以前の半分以下となる．圧力分布からわかるように，この抵抗の激減は，圧力の低いはく離域が狭くなっただけでなく，はく離域の圧力そのものも上昇していることに注意すべきである．はく離域の圧力は，ほぼはく離点での圧力となっている．したがってはく離点を後方に下げれば，はく離点での圧力が回復し（上昇し），はく離域の圧力自体も回復するのである．

これが円柱まわりの臨界レイノルズ数における流れの概要であるが，この臨界レイノルズ数の値は，流れのもともともっている乱れによっても大きく変わることに注意する必要がある．

流れのレイノルズ数がさらに増加すると，図 4.20 に示すように抵抗係数は徐々に上昇してくる．このとき先程述べたはく離泡のサイズが小さくなって，乱流境界層のはく離点が徐々に上流に移動してくることが確かめられている．

これら円柱で確かめられた流れと抵抗との関係は，3 次元の球においてもすべて定性的に成り立っている．

ここで，鈍い物体まわりの高いレイノルズ数流れで，境界層が乱流に遷移することが抵抗を減らすのに効果的であることがわかった．そこで層流境界層を強制的に乱して境界層を乱流に遷移させる方法が考えられる．球の前方に針金をはちまき状に取り付ける（トリッピングワイヤ）と抵抗が減る．また飛行機の翼に低い仕切り板のようなものを取りつけ（ボルテックスジェネレータ），はく離を抑える工夫もある．

高レイノルズ数流れでは，流れがはく離する場合摩擦抵抗に比べ，圧力抵抗が圧倒的に大きいことがわかった．そこで流れがはく離（境界層がはく離）しない物体は抵抗が著しく小さいものとなる．このような物体を流線形物体と呼ぶ．これまでの考察で，境界層は物体後方の圧力が上昇するところで起こることがわかっている．そこで圧力上昇をできるだけ滑らかにかつゆっくりと行えば，境界層のはく離を抑えられると考えられる．こういった形状は物体後方に角のない，また流れ方向断面の曲率の小さい形状となる．物体前方は滑らかで

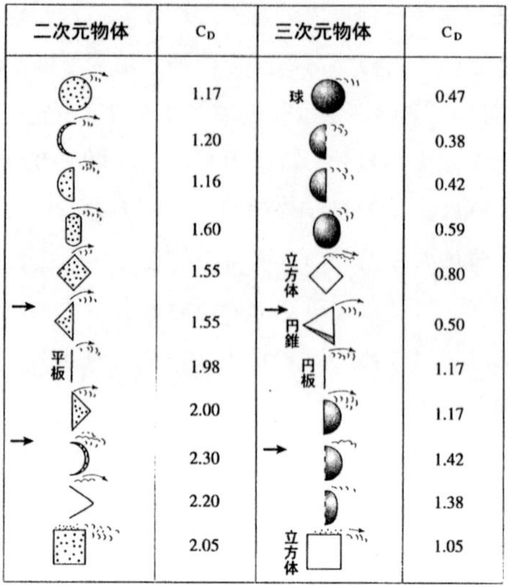

二次元物体
C_D
三次元物体
C_D
1.17
1.20
1.16
1.60
1.55
1.55
平板
1.98
2.00
2.30
2.20
2.05
球
0.47
0.38
0.42
0.59
立方体
0.80
円錐
0.50
円板
1.17
1.17
1.42
1.38
立方体
1.05

図 **4.23** 種々の物体の抵抗係数（白倉・大橋，1969）

あれば圧力が減少していくので，境界層のはく離はなく，それほど気を使う必要はない．つまり涙形の物体が抵抗は小さいことになる．つまり前方は太いが後方はスーッと細くなっていくような形状を**流線形物体**というのである．

これまでも述べたように，流線形物体では圧力抵抗が大幅に減少しており，流線形の物体の抵抗は摩擦抵抗が支配的である．したがってこれらの形状の物体に対しては，摩擦抵抗を減らすことが重要な課題となり，様々な研究がなされている．

ジェット戦闘機など先端がとがった形状は，超音速で飛行する際の衝撃波を弱くするためであり，一般的な言葉で言うと造波抵抗を小さくする形状である．高速船の先端も同じである．亜音速で飛ぶジャンボジェット機などみればわかるように前部はずんぐりしており，後部はほっそりとしているが，これが流線形である．

参考のために，いろいろな形状の物体に対する抵抗係数を図 4.23 に示した．これら物体形状によって変化する抵抗は，**形状抵抗**と呼ばれる．また図 4.24 には流線形物体の形状と，抵抗係数との関係を示した．

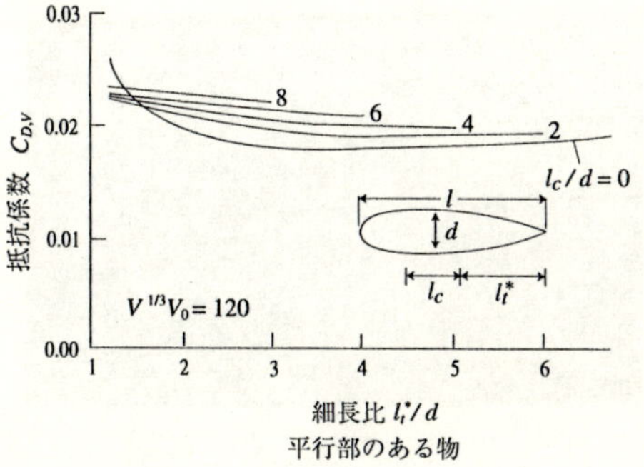

図 4.24 流線形物体（東，1987）

4.9 カルマン渦列

円柱まわりの流れで流れのレイノルズ数が 100 から 10^4 の間で，図 4.25 に示すような規則的な渦の列が下流へとのびていく現象が観測される．この渦の列は，最初に安定な渦の配置を理論的に研究したカルマンにちなんで**カルマン渦列**と呼ばれる．対流で有名なベナール (Bénard) の名も入れて呼ばれることもあるが，多くの文献ではカルマン渦列で通っている．この現象はきわめて広くみられ，また工学的にも非常に重要で，おそらく流体力学の扱う現象でもっともよく知られた現象の 1 つであろう．

カルマン渦列は円柱の後流に限らず，2 次元の鈍い物体に対して生ずるので，長い柱状の物体に対し広く観測される．物体後方に逆回りの渦が交互に放出されるが，円柱の場合その放出される周期 f，円柱の直径 D と流速 U はだいたい

$$f = 0.20 \times \frac{U}{D}$$

なる関係があり，レイノルズ数の広い範囲にわたってこの関係は保たれる．そこでたとえば円の直径と，この渦放出の周期がわかれば，流れの速度もほぼ予測できる．

カルマン渦列における渦を渦点として，また流れを粘性のないものとして近似的に扱うことにより，円柱にはたらく抵抗を計算することができる．この結

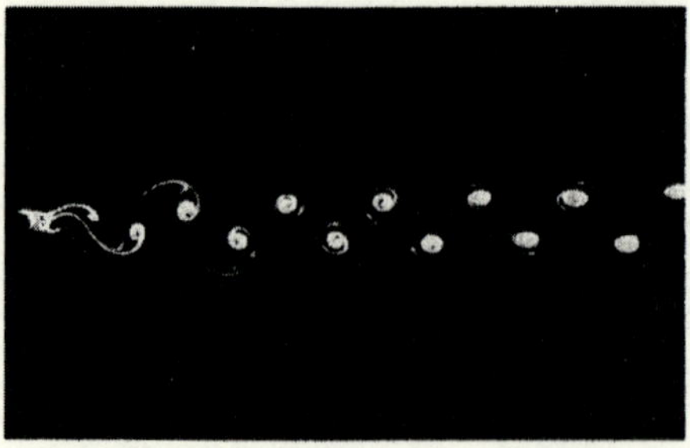

図 **4.25**　カルマン渦列（種子田，1988）

果は実験結果とよく一致する．

カルマン渦列が工学的に重要なのは，この現象にともない物体に周期的な変動揚力がはたらくことである．この変動揚力により，たとえば円柱状の構造物は振動を始めるが，この変動揚力と構造物の固有振動数（外力のはたらかない場合の構造物の振動数で，構造物によって決まっている）がほぼ一致するときには，共鳴を起こす．共鳴を起こすと構造物の振動の振幅が非常に増大する．つまり振動が激しくなり，騒音の発生，あるいは構造物の破壊に至る．流れの中にある円柱状の構造物が，特に外力を与えなくても振動し始めるのはこの変動揚力による．橋などの構造物は，変動揚力の周期と，構造物の固有振動数が一致しないような工夫がなされている．

もう１つ，カルマン渦列に関連して，工学的に重要な事柄は，周期的な渦の放出が**エオリア音**という音の発生の原因となっていることである．細い棒をいきおいよく振ると，ビュッという音がする．あるいは電線に強い風が吹くとヒューという音がでる．これは，さきほどの変動揚力により棒あるいは電線が振動することにより音がでるのと，変動揚力の原因となる物体まわりの圧力の変動そのものから音が発生する．この音も自然界の音として普段耳にするものである．

またカルマン渦列は，比較的細い柱状構造物だけでなくて，まわりに高い山がなくぽつんと切り立った山の後ろにもできていることが，気象衛星により観測されている．これは大気の２次元的になろうとする性質によるものであるが，流れのレイノルズ数は普通カルマン渦列のみられる流れに比べてずっと大きい．

このようにカルマン渦列は，物体の後ろにできる規則的な構造として広くみられる現象である．

4.10　乱流の一般的な性質

自然界の大規模な流れ，あるいは流体機械内の高速の流れなどはすべて**乱流**である．乱流もナビエ・ストークス方程式で記述されると考えられており，基本的にナビエ・ストークス方程式を解けば，乱流の振る舞いも明らかになるものである．しかしながらナビエ・ストークス方程式から乱流現象を解析的に解き明かすことは不可能であり，数値計算でも現在の計算機の解像度では乱流の性質を明らかにすることは不可能である．

そこで乱流現象を乱雑な現象と考え，統計的な性質を調べるという方法が一般的に行われている．しかし，乱流現象はサイコロを投げるような，完全に乱雑な現象ではなく，統計的な量にいろいろな関係（**相関**）がある．たとえば5.3節で詳しく述べるレイノルズ応力 $-\rho\overline{u'v'}$ が0でないことも，乱流が完全に乱雑な現象でないことを示している．

4.10.1　格子下流の発達した乱流の性質

風洞に格子を入れその下流の流速を測定し，第5章のレイノルズ応力の定義においても用いるが，使った方法同様，流れ方向の流速を平均流と乱れ成分に分け，

$$u = U + u'$$

とする．乱れの成分 u' を数多く測定し，図に書くと図4.26のようにガウス分布（正規分布）となる．ガウス分布は，実験での数多くの測定値がこの分布に従うなど，独立に行った完全に乱雑とみなせる現象に広く表れる分布関数である．

これだけみると，乱流も完全に乱雑な現象のようにみえる．しかし u' の流れ方向の微分係数 $\partial u'/\partial x$ を計算して同様にプロットすると，ガウス分布からずれてしまうのである．u' が完全に乱雑に現れる量であるなら，$\partial u'/\partial x$ もガウス分布に従うはずであるが，そうはならない．格子の十分下流の乱れた流れは，

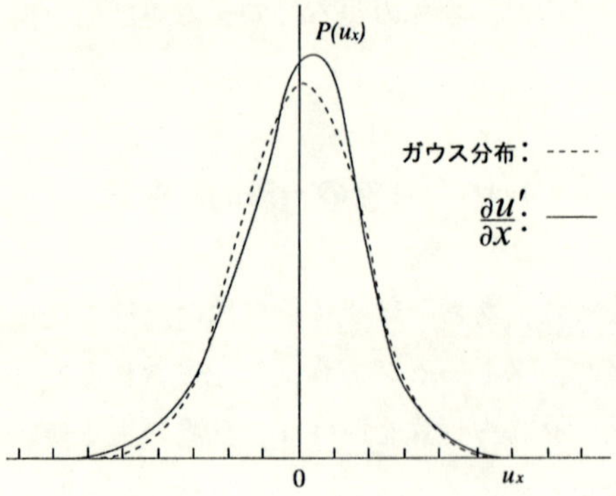

図 4.26 $\dfrac{\partial u'}{\partial x}$ の測定値（神部・ドレイジン，1998）

一様等方性乱流（統計量が空間的に一様であり方向性をもたない理想化された乱流）に近い性質をもっており，このことからも乱流が完全に乱雑な現象でないことがわかる．

$\partial u'/\partial x$ の分布はガウス分布に比較して，すそ野が広がっている．つまり $\partial u'/\partial x$ の絶対値の大きな値が相対的にたくさん現れることを示しており，これは u' の大きな値が間欠的に出現するためと考えられている．

4.10.2 乱流のエネルギーカスケード

乱流はよく様々なサイズの乱れが複雑に入り交じって運動をしているとか，大きな渦から小さな渦までが相互作用をしながら流れを形づくっているとかいわれるが，これは同じ現象を違った表現で述べているにすぎない．いずれにせよ流れの中で，乱れ（渦）のスケールと，その乱れの運動エネルギー

$$\varepsilon = u'^2 + v'^2 + w'^2$$

とは一般的な関係がある．

ここで天下り的ではあるが，**エネルギースペクトル** $E(k)$ という関数を定義する．ここで k は乱れの波数（本来はベクトルであるが，ここではその絶対値をとっている）というもので，ここでは乱れを波のように考えており，波数というのは 2π の長さの中にある波の数と定義され，波長の逆数であると考えれ

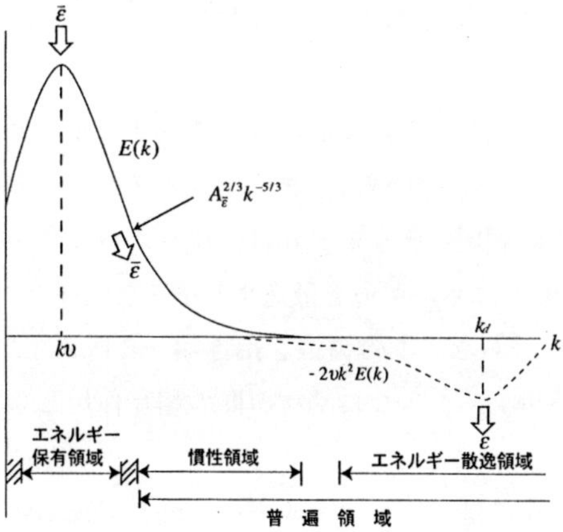

図 **4.27** エネルギースペクトル（木田，1999）

ばよい．つまりこのエネルギースペクトルという関数は，乱れのエネルギーが，その波数すなわち乱れ（渦）のスケールの関数として表されている．

図 4.27 は典型的な乱流に対してエネルギースペクトルを描いたものである．これを見ると波数 k の小さな，つまりスケールの大きな乱れの領域でのエネルギーが圧倒的に大きく，波数の大きい，つまり乱れのスケールの小さな領域ではエネルギーはきわめて小さいことが見てとれる．この波数が小さくエネルギーの大きい領域を，**エネルギー保有領域**と呼び，この領域の代表的なスケールは，乱れが流れからエネルギーを取り出す際の最初の乱れスケールである（たとえば上記の格子乱流では，ほぼ格子のスケールになる）．次に**エネルギー散逸関数** $-2\nu k^2E(k)$ を定義する．これは先のエネルギースペクトル関数に動粘性係数と波数の 2 乗，それに -2 をかけたものである．この関数は，乱れのスケールによって乱れのエネルギーが散逸されて熱に変わる割合を表している．これも図 4.27 に示しているが，この関数は負の値をとるので，下に垂れ下がった曲線で示されている．これを見ると，波数 k の大きなところで $E(k)$ は小さいが k^2 が大きいことから，この領域で散逸が大きいことがわかる．つまり乱流はそのスケールの小さな乱れによって運動エネルギーを失っているわけである．この散逸の大きな領域を**エネルギー散逸領域**と呼んでいる．

また乱流がエネルギーを失うのは，いわゆる分子レベルでの動粘性係数によるのであって，乱流を扱う際にしばしば用いられる，渦粘性係数は関係しない．

エネルギーの保有領域と，散逸領域は流れのレイノルズ数が大きいときには十分離れているが，その間の領域，つまり中位のスケールの乱れはどうなっているかというと，この領域に属する乱れは，流れからエネルギーを取り出した大きな乱れ（渦）から，エネルギーを散逸する小さな乱れ（渦）へとエネルギーを輸送しているだけである．この領域を**慣性領域**と呼んでいる．式の上では，波数間に一定の関係のある，3 つの乱れの間の相互作用として表されるが，詳細は省略する．

ここで注意すべきなのは，このエネルギーの輸送であるが，大きな渦から小さな渦までが，流れの中に定常的に存在して，エネルギーをさもバトンを手渡すように小さな渦へと送っているのではないことである．渦自身が 3 次元的にどんどん小さなスケールの渦へと変形していき，その際にエネルギーが保存される形で小さなスケールの乱れへ輸送されていくのである．

またここで考えている領域というのは，スケールの空間（波数空間）での話であって，流れの領域にこういった領域が現れるのではない．

4.10.3　コルモゴロフの理論

エネルギースペクトルの考察において，コルモゴロフ (Kolmogorov) は乱れの波数が大きいエネルギー慣性領域および散逸領域では，局所的に当方性が成り立っていると考え，きわめて直感的な理論を提出している．

彼はまず上記のエネルギー散逸領域では，現象に関与する物理量として，散逸するエネルギー e と散逸に関わる動粘性係数のみであるとした．これら変数の次元は

$$\varepsilon = [L^2T^{-3}] \quad \text{（単位質量，単位時間あたりのエネルギー）}$$

$$\nu = [L^2T^{-1}] \quad \text{（粘性係数/密度）}$$

である．また，エネルギースペクトル関数 $E(k)$ および波数の次元はそれぞれ

$E(k) = [L^3T^{-2}]$（単位質量あたりの単位を波数 $[L^{-1}]$ あたりのエネルギー）

$$k = [L^{-1}] \quad (\text{長さ } 2\pi \text{ あたりの波の数})$$

であるので，これら $E(k)$ と k を，e と ν のみで書き表すことを考える．まず e と ν を組み合わせて $E(k)$ と k の次元になるようにすると，

$$E(k) \approx \varepsilon^{1/4}\nu^{5/4}, \quad k \approx \varepsilon^{1/4}\nu^{-3/4}$$

と表される．上式で表される波数は，実はエネルギー散逸スペクトル関数においてもっとも散逸の大きい波数領域の波数に対応し，**コルモゴロフ波数**と呼ばれ

$$k_d = \varepsilon^{1/4}\nu^{-3/4}$$

となる．一方エネルギースペクトル関数は，波数 k の関数であり，次元は上式で与えられているから

$$E(k) = \varepsilon^{1/4}\nu^{5/4}F\left(\frac{k}{k_d}\right)$$

と書き表されるはずである．

コルモゴロフは，また慣性領域について，この領域では現象を支配する物理量として，粘性は無視できるのでエネルギー e と波数 k であるとした．そうすると，次元的考察から

$$E(k) = A\varepsilon^{1/4}k^{-5/3}$$

なる表式が得られる．ここで A は**コルモゴロフの定数**と呼ばれる無次元の定数で，実験的に $1.2 \leq A \leq 2.0$ であるとされている．

図 4.28 にさまざまな乱流に対する，エネルギー（($\varepsilon^{1/4}\nu^{5/4}$) で無次元化している）と乱れの波数（コルモゴロフ波数で無次元化している）との関係を，両対数グラフで表している．コルモゴロフ波数の付近では，すべての乱流が 1 本の線上に乗っていることがわかる．そしてコルモゴロフ波数より大きな波数部分では，エネルギーは急速に減少してしまう．コルモゴロフ波数の乱れのスケールは，コルモゴロフスケールと呼ばれ，乱れは様々なスケールのものがあるが，最小のスケールがこのコルモゴロフスケールであるといえる．これより小さなスケールの乱れは実質的に存在しない．そしてこのスケールは e と

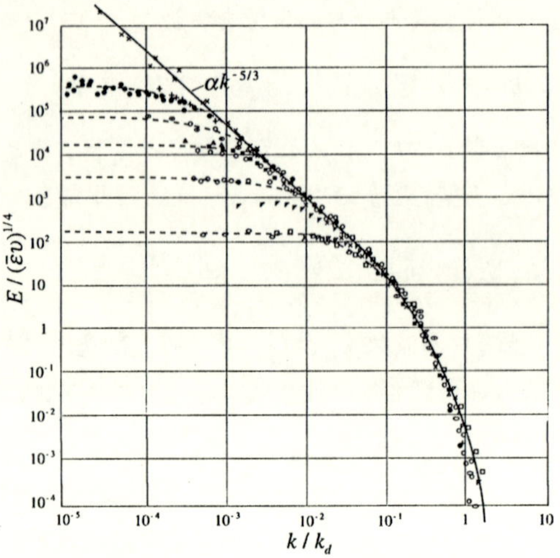

図 4.28　各種の乱流のエネルギースペクトルとコルモゴロフの $-5/3$ 乗則
×：潮流，●■□：乱流境界層，＋：円形噴流，○：一様剪断乱流，
▼▽：格子乱流．

ν に依存している．

またそれより小さな波数領域では乱流が大きなスケールの乱れをふくむとき，つまり流れのレイノルズ数が大きいとき，エネルギーが波数 k の $-5/3$ に比例する領域が現れる．これが先に述べた慣性領域である．

慣性領域の大きさは，考える乱流のレイノルズ数によって変化するが，これら慣性領域および散逸領域の特性は，あらゆる乱流について普遍的に成り立つので，これらの領域を普遍領域と呼んでいる．乱れの波数が小さくなり，慣性領域から離れる様子は，乱流の種類によって異なっている．図の潮流の場合にはずっと慣性領域が続いているようであるが，これはここにプロットした以上のスケールの乱れが，観測にかかっていないためである．

コルモゴロフの定理は，仮説の妥当性，結論から導かれる結果の妥当性など問題も指摘されているが，結果は乱流の重要な特性を簡単な議論だけで明らかにしている点で，流体力学の定理の中でも特異な定理といえる．

4.11 低レイノルズ数流れ

われわれが現実に直面する多くの流れは，飛行機の翼まわりの流れや円管内の流れのようにレイノルズ数が $10 \sim 10^{10}$ 程度の流れである．このため，乱流やはく離などが重要な流れとなる．レイノルズ数 R_e は $R_e = UL/\nu$ で定義されている．U は代表速度，L は代表長さで，ν は動粘度（動粘性係数）である．レイノルズ数がきわめて小さいということは，代表速度が小さいか，代表長さが小さいか，動粘度がきわめて大きい場合に対応している．現実の流れでは，高粘度液体中の緩やかな流れ，軸受けや多孔質の中の流れ，微小生物の運動，マイクロマシーンによる流れなどが考えられる．

また流体の流れが高レイノルズ数流れで微粒子を含む流れは，化学プラントや環境問題など多くの分野で重要である．気流中に浮遊する微小粒体の運動を解明することを考えてみよう．いま，単独の粒体が流体によって運ばれるとする．この物体の運動方程式は[*1)]次式で与えられる．

$$m_s \frac{dv_i}{dt} = (m_s - m_f) g_i + m_f \frac{Du_i}{Dt}\bigg|_{\boldsymbol{Y}(t)} + F_i.$$

ここで，m_s は物体の質量，m_f は付加質量，$\boldsymbol{g}$ は重力の加速度，$\boldsymbol{v}$ は物体の速度，$\boldsymbol{u}$ は流体の速度，$\boldsymbol{Y}(t)$ は物体の位置，$\boldsymbol{F}$ は流体によって物体に作用する流体力で，添え字 i はそれぞれの i 成分を表す．この $\boldsymbol{F}$ をきちんと与えなければ微粒子の運動は解けない．ただ，粒体が微小であるので，ほぼ流れに乗って移動していると想像できる．したがって，流体の流れに対する粒体の相対速度と粒体の代表長さによるレイノルズ数はきわめて小さいので，本節で取り扱う低レイノルズ数流れの結果が利用できる[*2)]．

---

*1) この式を厳密に導くことはかなり大変で，結果だけを示す．また，この式が乱流場にも利用できるかについては議論のあるところで，流体力 $\boldsymbol{F}$ の見積もりとも関係するので，注意が必要である．また，粒子のブラウン運動が問題となるようなきわめて小さな粒子には適用できない．

*2) 粒体の運動は上式で求められるが，流体の流れも粒体の運動と関係している．大雑把に述べると，粒体の流体から受ける力はその反力として流体に作用し，流体の運動方程式に粒体からの外力が加わってくる．そのため，流体の運動も粒体の運動と関係することになり複雑となる．

4.11.1 ストークス近似

ナビエ・ストークス方程式を代表速度 U と代表長さ L，代表時間 T で無次元表示すると次のようになる．

$$\beta\frac{\partial u_i}{\partial t}+R_e\left(u_1\frac{\partial}{\partial x_1}+u_2\frac{\partial}{\partial x_2}+u_3\frac{\partial}{\partial x_3}\right)u_i$$
$$=-\frac{\partial P}{\partial x_i}+\Delta u_i+\frac{R_e}{F_r}K_i. \tag{4.92}$$

ここで，Δ は次のように定義している．

$$\Delta\equiv\left(\frac{\partial^2}{\partial x_1^2}+\frac{\partial^2}{\partial x_2^2}+\frac{\partial^2}{\partial x_3^2}\right).$$

また，速度場は $\boldsymbol{u}=(u_1,u_2,u_3)$，位置ベクトル $\boldsymbol{x}=(x_1,x_2,x_3)$，外力 $\boldsymbol{K}=(K_1,K_2,K_3)$，$\beta=L^2/(\nu T)$，$P=pL/(\mu U)$，レイノルズ数 $R_e=UL/\nu$，フルード (Froud) 数 $F_r=U^2/(L|\boldsymbol{K}_o|)$ で，$\boldsymbol{K}_o$ は代表外力である．

ここで，R_e が非常に小さいとすると，上式 (4.92) の左辺の第 2 項が無視できる．また，β や $\frac{R_e}{F_r}$ が R_e に比べ小さくないとすると，これらの項が残ってくる．体積力や慣性項の中の非定常項が無視できない場合で，この場合を無次元表示しない形で書くと，運動方程式は次のようになる．

$$\frac{\partial u_i}{\partial t}=-\frac{1}{\rho}\frac{\partial p}{\partial x_i}+\nu\Delta u_i+K_i. \tag{4.93}$$

さらに連続の式は次のようになる．

$$\frac{\partial u_1}{\partial x_1}+\frac{\partial u_2}{\partial x_2}+\frac{\partial u_3}{\partial x_3}=0. \tag{4.94}$$

式 (4.93) はストークス (Stokes) 方程式と呼ばれ，式 (4.93) と (4.94) で近似できる流れを**ストークス (Stokes) 流れ**と言い，このような近似をストークス近似と言う．

外力がない場合について考えよう ($\boldsymbol{K}=0$)．式 (4.93) の x_1,x_2,x_3 方向成分をそれぞれの方向成分で偏微分し足し合わせ，また，式 (4.94) を用いると圧力に関する基礎方程式が導かれる．

$$\Delta p=0. \tag{4.95}$$

一様流 U 中の半径 c の球まわりのストークス流れを求めてみよう．この流れでは，粘性力と圧力による力が釣り合いながら流れていくので，完全流体の場合と異なり，圧力抵抗をもっている．そこで，圧力による基礎式 (4.95) から圧力に関するもっとも簡単な関数形を考えてみよう．圧力の場は完全流体の速度ポテンシャルと同じ基礎式になっている．そこで，もっとも簡単な解は湧き出しに相当する $\frac{1}{r}$（ただし $r=(x_1^2+x_2^2+x_3^2)^{1/2}$）と考えられる．しかし，この解では球まわりで対称であるので，圧力による抵抗成分は 0 になってしまう．そこで，一様流の方向を x_1 軸にとると，圧力場が x_1 に関して奇関数であれば抵抗が出てくる．そこで，圧力場を表すもっとも簡単な関数は次式であろう．

$$p=\frac{\partial}{\partial x_1}\frac{1}{r}=-\frac{x_1}{r^3}. \tag{4.96}$$

この場合の速度場は式 (4.93) から次のようになる．

$$\Delta u_i=\frac{1}{\mu}\left(\frac{\delta_{i1}}{r^3}-\frac{3x_1x_i}{r^5}\right). \tag{4.97}$$

次に，式 (4.97) を満たす解を求めるために，完全流体で得られている速度ポテンシャルを ϕ を利用する．この ϕ は，次式を満たす．

$$\Delta\phi=0.$$

ここで，新しい関数 $\Phi=x_i\phi$ を考えと，この Φ は次の関係を満たす．

$$\Delta\Phi=2\frac{\partial\phi}{\partial x_i}.$$

一様流方向の速度 u_1 は，x_2 や x_3 軸に対称な流れとなっているはずである．したがって，u_1 は r と x_1^2 で表されると考えられる．また，速度成分 u_2 や u_3 はそれぞれ r と x_1，x_2，x_3 の奇関数で表される必要がある．そこで，ϕ として $\phi=\frac{\partial}{\partial x_1}\left(\frac{1}{r}\right)=-\frac{x_1}{r^3}$ とする．このとき，$2\frac{\partial\phi}{\partial x_i}=2\left(-\frac{\delta_{1i}}{r^3}+\frac{3x_1x_i}{r^5}\right)$ となる．このことを考慮して，上述の条件を満たすには u_j として $-\frac{1}{\mu}x_i\phi=\frac{1}{\mu}\frac{x_1x_i}{r^3}$ をとるとよい．また，渦なし流れもストークス解になっているので，速度は次のような形で一般的に表現できる可能性がある．

$$u_i=\frac{1}{8\pi\mu}\sum_{j=1}^{3}\left[\left(\frac{\delta_{ij}}{r}+\frac{x_ix_j}{r^3}\right)f_j+\left(-\frac{\delta_{ij}}{r^3}+3\frac{x_ix_j}{r^5}\right)p_j\right]+U\delta_{1i}. \tag{4.98}$$

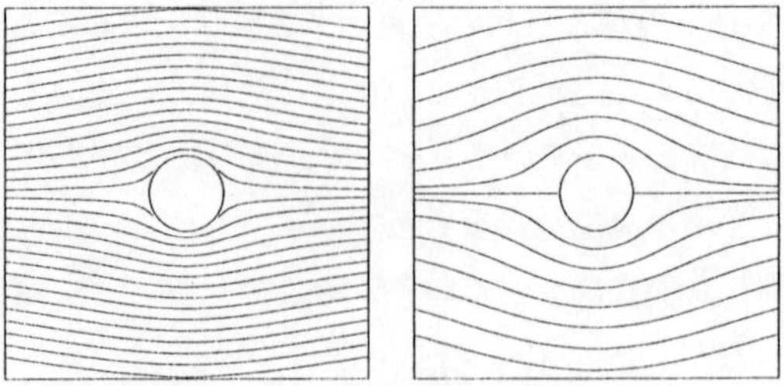

図 4.29 球 (左) と円柱 (右) まわりの流れ

ただし，f_j と p_j は定数である．

境界条件は球の表面ですべりなし条件 $\boldsymbol{u} = 0$ が課せられる．この結果，次のように定数がうまく定まる．

$$f_1 = -6\pi\mu cU, \quad p_1 = 2\pi\mu c^3 U, \quad f_i = p_i = 0, \quad i = 2, 3. \tag{4.99}$$

したがって，速度場は次のようになる．

$$u = U + \frac{cU}{4}\left[-3\left(\frac{1}{r} + \frac{x_1^2}{r^3}\right) + c^2\left(-\frac{1}{r^3} + 3\frac{x_1^2}{r^5}\right)\right], \tag{4.100}$$

$$v = \frac{3cU}{4}\left(-\frac{1}{r^3} + \frac{c^2}{r^5}\right)x_1 x_2, \tag{4.101}$$

$$w = \frac{3cU}{4}\left(-\frac{1}{r^3} + \frac{c^2}{r^5}\right)x_1 x_3. \tag{4.102}$$

図 4.29（左）は球まわりの流線を示している*1)．この図のようにストークス流れでは前後・左右・上下対称流れとなる．

次に，この球にはたらく流体力を求めることにする．圧力は式 (4.96) と (4.99) から $p = \frac{1}{4\pi} f_1 \frac{x_1}{r^3} = -\frac{3}{2}\mu cU \frac{x_1}{r^3}$．よって，圧力による抵抗成分 D_p は*2)

*1) この場合，流れは軸対称である．ストークスの流れの関数 Ψ が定義できる．円柱座標 (x, R) を用いると，

$$u_x = \frac{1}{R}\frac{\partial\Psi}{\partial R}, \quad u_R = -\frac{1}{R}\frac{\partial\Psi}{\partial x}.$$

したがって，球 $(c = 1)$ まわりの流れに関するストークスの流れの関数 Ψ は次のようになる．

$$\Psi = \frac{R^2}{2} - \frac{3}{4}R^2\left(\frac{1}{r} - \frac{1}{3}\frac{1}{r^3}\right), \quad r = (x^2 + R^2)^{1/2}.$$

*2) 渦なし流れによる抵抗成分は 0 になる．

$$D_p = -\int_S p\cos\theta dS = \frac{3}{2}\mu 2\pi c\int_0^\pi \cos^2\theta\sin\theta d\theta = 2\pi\mu cU \quad (4.103)$$

である．

球面の流れは x_1 軸に関して軸対称なので，摩擦力は中心を通る断面で考えればよい．いま，この断面における周方向速度成分を u_θ とすると，摩擦応力 τ は $\tau = \mu\frac{\partial u_\theta}{\partial r}|_{r=c}$ である．したがって，式 (4.99) で求めた f_1 と p_1 を用いて計算すると

$$\tau = -\frac{3}{2}\pi\mu\frac{U}{c}\sin\theta. \quad (4.104)$$

この結果，球表面の摩擦力による抵抗 D_f は

$$D_f = -\int_S \tau\sin\theta dS = \frac{3}{2}\frac{\mu U}{c}2\pi c^2\int_0^\pi \sin^3\theta d\theta = 4\pi\mu cU \quad (4.105)$$

となり，圧力抵抗は摩擦抵抗の半分となることがわかる．

全抵抗 D は $D = D_p + D_f = 6\pi\mu cU$ となり，これを**ストークスの抵抗則**と言う．式 (4.105) より，抵抗係数 C_D は次のようになる．

$$C_D = \frac{D}{\frac{1}{2}\rho U^2\pi c^2} = \frac{24}{R_e}. \quad (4.106)$$

ただし，$R_e = \frac{2cU}{\nu}$ で，球の直径を代表長さとして定義している．

【例題】雨滴が一定の速度で降ってくるとする．このときの雨滴の直径と降下速度との関係を求めよ．ただし，雨滴は球とする．

【略解】この問題のように，一定の速度で降下する速度を**終 (端) 速度**，**沈降速度**，**自由落下速度**と言う．この場合は，雨滴の重力による重さと空気抵抗とが釣り合っている．いま，雨滴の直径を d とすると，雨滴の自重は $\frac{4\pi}{3}\left(\frac{d}{2}\right)^3\rho_w g$ である．ただし，ρ_w は雨滴の密度，g は重力の加速度である．空気抵抗は式 (4.106) より，$3\pi\mu dU$ である．したがって，$U = \frac{1}{18}\frac{d^2}{\mu}\rho_w g$ となる．ただし，ここでは空気中を落下しているが，空気による浮力は小さいので無視した．□

一様流 U 中の半径 c の 2 次元円柱まわりの流れを求めてみよう．渦なし流れ

の基本的な流れは湧き出しで $\log r$ である．そこで，$\frac{\partial^2}{\partial x_i \partial x_j}(\log r) = \frac{\delta_{ij}}{r^2} - 2\frac{x_i x_j}{r^4}$ を考慮して 3 次元流れと同様に考察すると，

$$u = C_o\left(-\log\frac{r}{c} + \frac{x^2}{r^2} + \frac{c^2}{2r^2} - \frac{c^2x^2}{r^4} - \frac{1}{2}\right), \tag{4.107}$$

$$v = C_o\left(\frac{1}{r^2} - \frac{c^2}{r^4}\right)xy. \tag{4.108}$$

ただし，$C_o = \frac{f_1}{4\pi\mu} = \frac{U}{\log c - \frac{1}{2}}$ である．円柱の場合の流線*1) を図 4.29（右）に示す．

3 次元流れでは，無限遠方が一様流という条件を適用して，関数形を決めた（式 (4.98) の右辺第 2 項）．しかし，2 次元流れでは，式 (4.107) からもわかるように，$r \to \infty$ では速度場が $\log r$ のため発散する．したがって，無限遠方では一様流になっていない．つまり，一様流中の 2 次元円柱まわりのストークス解は求められないことになり，これを**ストークスのパラドックス***2) と言う．

4.11.2 オゼーン流れ

油のような粘っこい流体が一定速度で動いている．その中に円柱や球があるとする．円柱や球の近くではこれらが静止しているので，流れはほとんどない．ところが，物体から離れるにしたがって，流体は再び速度を増し，だんだん元の一定速度に近づいていく．このように，物体から離れたところでは一様流の影響が無視できなくなり，ストークス近似では，この一様流の影響を評価することはできない．

一様流中の球まわりの流れで，$r \gg 1$ の場合を考えてみよう．速度場を $\boldsymbol{u} = U\boldsymbol{e}_1 + \bar{\boldsymbol{u}}$ とすると，前節から $\bar{\boldsymbol{u}} = O(Uc/r)$ となる．この結果，慣性項は $u\frac{\partial \boldsymbol{u}}{\partial x} \approx O\left(U\frac{\partial}{\partial x}\frac{Uc}{r}\right) = O\left(\frac{U^2c}{r^2}\right)$ となる．一方，粘性項 $\nu\frac{\partial^2}{\partial x^2}\boldsymbol{u}$ は $\nu O\left(\frac{Uc}{r^3}\right)$ と

---

*1) $U = c = 1$ とすると，流れの関数 ψ は

$$\psi = C_o\left(-y\log r - \frac{1}{2}\frac{y}{r^2} + \frac{1}{2}y\right).$$

*2) 3 次元流れでもストークス流れに関してはパラドックスがある．ここで述べた解法を逐次繰り返し高次近似を求めていくと，2 次元流れのストークスのパラドックスと同じような問題が出てくる．これをホワイトヘッドのパラドックス (Whitehead's paradox) と言う．

なる．そこで，慣性項と粘性項の比は Ur/ν となり，これを変形すると，$R_e r/c$ となる．ただし，$R_e = Uc/\nu$ である．したがって，物体の代表寸法により定義された R_e が小さくても，r/c が $1/R_e$ のオーダに近づくかそれ以上になれば，慣性項が無視できなくなる．

それでは，どの程度の距離までストークス近似が有効かを考えてみよう．上の議論からわかるように，3 次元では $r/c = O(1/R_e)$ 程度で，2 次元流れでは，式 (4.107) から慣性項は $O(\log r/r)$，粘性項は $\nu O(1/r^2)$，よって，慣性項と粘性項の比は $O\left(R_e \frac{r}{c} \log \frac{r}{c}\right)$ となる．したがって，2 次元流れでは，$(r/c)\log r/c = O(1/R_e)$ 付近まではストークス流れで近似できると考えられる．このことからも，3 次元流れに比べ 2 次元流れでは，ストークス流れの有効な範囲が小さく，これがストークスのパラドックスの原因である．

物体から十分離れた流れにも適用できるように，速度場は $\boldsymbol{u} = U\boldsymbol{e}_1 + \bar{\boldsymbol{u}}$, $U \gg |\bar{\boldsymbol{u}}|$ と見なし，ナビエ・ストークスの運動方程式を近似してみよう．

$$\frac{\partial u_i}{\partial t} + U\frac{\partial u_i}{\partial x_1} = -\frac{1}{\rho}\frac{\partial}{\partial x_i}p + \nu\Delta u_i + K_i, \tag{4.109}$$

$$\frac{\partial u_1}{\partial x_1} + \frac{\partial u_2}{\partial x_2} + \frac{\partial u_3}{\partial x_3} = 0. \tag{4.110}$$

これを**オゼーン (Oseen) 方程式**と言い，この近似をオゼーン近似と言う．

外力 $\boldsymbol{K} = 0$ の場合，圧力に関してはストークス方程式と同様の関係式を満たす．

$$\Delta p = 0. \tag{4.111}$$

一様流 U 中の球まわりのオゼーン流れを考えてみる．オゼーン近似による 3 次元定常流れはストークス近似と同様に解析することができるが，実際の計算はかなり面倒である．座標系が一定の速度 U で x_1 方向に移動するとした相対座標で書き換えると，オゼーン方程式 (4.109) はストークスの方程式と一致する*1)．このことからストークス解を相対座標系の解と考えると，オゼーン近似解となっている．したがって，速度場は $r - x_1$ と r の関数となる．さらに，$r - x_1$ が小さいときには球まわりのストークス解に近似できなければならない．

*1) $u_i(X_1, X_2, X_3; t) = u_i(x_1 - Ut, x_2, x_3; t)$ とすると，$\frac{\partial u_i}{\partial t}|_x = \frac{\partial u_i}{\partial t}|_X - U\frac{\partial u_i}{\partial x_1}$ となる．

ここでは，詳細は省略するが，このような考えから球まわりの流れを求めることができる．この結果を利用して球の抵抗係数 C_D を求めると，その第一近似はストークスの抵抗則を満たす．オゼーン近似はその補正項を求めることになる．ラム (Lamb) によると次のようになる．

$$C_D = \frac{D}{\frac{1}{2}\rho U^2 \pi c^2} = \frac{24}{R_e}\left(1 + \frac{3}{16}R_e\right). \qquad (4.112)$$

このオゼーン解は，ナビエ・ストークス方程式の近似解であるので，厳密にはナビエ・ストークス方程式を満たしていない．ただ，低レイノルズ数流れでは，ナビエ・ストークス方程式の解は球表面近くではストークス方程式，球面から離れた遠方ではオゼーン方程式で近似できることがわかる．そこで，プラウドマンとピアソン (Proudman & Pearson) はこの考えに基礎を置く特異摂動法を利用して高次近似解を求めている．

$$C_D = \frac{24}{R_e}\left[1 + \frac{3}{16}R_e + \frac{9}{160}R_e^2 \log\left(\frac{R_e}{2}\right) + O(R_e^2)\right]. \qquad (4.113)$$

ただし，$R_e = 2Uc/\nu$ [*1] である．

2 次元定常円柱まわりの流れはカプラン (Kaplun) によって特異摂動解析されている．その結果によると，円柱の抵抗係数 C_D は次のようになる．

$$C_D = \frac{D}{\frac{1}{2}\rho U^2 c} = \frac{8\pi}{R_e}\left[\Delta_1 - 0.87\Delta_1^3 + O(\Delta_1^4)\right]. \qquad (4.114)$$

ただし，$R_e = Uc/\nu$ で，Δ_1 は次式で与えられる．

$$\Delta_1 = \left(\log\frac{4}{R_e} - \gamma + \frac{1}{2}\right)^{-1} = \left(\log\frac{3.703}{R_e}\right)^{-1}.$$

ここで，γ はオイラー定数である．

【演習問題】

問題 4.1 2 次元ポアズイユ流れ (図 4.7 参照) で上の平板を一定速

[*1] 教科書や論文によって抵抗係数やレイノルズ数の定義が異なっている場合が多いので注意すること．たとえば，レイノルズ数の定義に代表長さとして直径をとっているものと半径をとっているものがある．また，抵抗係数の無次元化に際し，本書のように球の断面形状をとり $\frac{1}{2}\rho U^2 \pi c^2$ としているものと，$\rho U^2 c^2$ としているものがある．

度 U で動かしたときの速度分布を求めよ．また，クエット流れ (図 4.6 参照) を 2 次元ポアズイユ流れの座標系で，つまり y 軸を $2y-h$ と変換して速度分布を表せ．このクエット流れと式 (4.23) の 2 次元ポアズイユ流れを重ね合わせるとどのようになるかを考える．

問題 4.2 水平に置かれた同心 2 重円管 (外側の円筒半径 a_2，内側の円筒半径 a_1) 内を粘性流体が流れているとする．式 (4.28) を用いて，その流体の速度分布を求めよ．

問題 4.3 半径 a の小さな球が粘性流れに置かれているときの抗力を D とする．ただし，慣性項は小さいので，抗力 D に関係するのは粘性 μ，流速 U および半径 a と推測される．これらの変数の間の関係を求めよ．そこで，液体の中を運動する微生物を考える．そのスケールは小さいので $R_e \ll 1$ である．つまり，粘っこい液体の中を泳いでいるので，小さいながら強力なパワーを秘めていると思われる．この微生物が人間並みの大きさになったとしたら，さぞかし人間よりスイスイと泳げるように思われる．この真偽はともかく，この推論は正しいか．

問題 4.4 次の微分方程式を解け．

$$\varepsilon u''(y) + u'(y) = 0, \quad u(0) = 0 \text{ および } u(\infty) = 1$$

ここで，微小パラメータ ε として，(1) $\varepsilon = 0$ と (2) $\varepsilon \neq 0$ について解を求めよ．この微分方程式，および x を固定して y の関数と見なした境界層方程式とを対比すると ε は何を意味するか．

問題 4.5 条件 (4.78) でブラジウスの方程式 (4.77) をルンゲ・クッタ・ギル法で数値積分せよ．その数値解が得られたら排除厚さ δ^* や運動量厚さ θ を求める．出発条件として $f''(0) = 0.33206$ を用いる．

Coffee Break

衝 撃 波

飛行機が高速で飛行するとき，衝撃波が発生する．この衝撃波は簡単にいうと，飛行機に対する流れの相対速度が攪乱（信号）の伝わる速度（音速）より大きくなり，すなわち超音速になって，攪乱が前方に伝わることができないときに生じる．つまり攪乱がある場所にかたまってしまうのである．衝撃波の後方（下流）では，前方（上流）よりも圧力，密度，温度が上昇する．衝撃波が停止してみえる座標系（いまの場合飛行機から見た座標系）では，流れが衝撃波に垂直に入ってくる場合，衝撃波の上流は超音速であり，下流は亜音速（流速が音速以下）となっている．詳細は述べないが，流れが衝撃波に斜めに入る場合には，上流で超音速であることは変わりないが，下流では超音速である場合も，亜音速である場合も起こる．

衝撃波は物体が超音速で飛行している場合だけでなく，物体あるいは空気が急に膨張する場合にも生じる．たとえば雷など大きな電流の放電が起こると，電流の流れる通路の空気は，急加熱され急激な膨張をする．それによって衝撃波が発生しまわりに拡がっていく．雷鳴は衝撃波によるものである．また大きな爆発による爆風も爆発（気体の急膨張）によって生じた衝撃波がもたらしたものである．

この衝撃波を細かくみてみると，気体を構成する分子の衝突によって生じているものであることが分かる．そして衝撃波の厚さは実は非常に薄く，分子の平均自由行程（普通の大気で 10^{-3} mm）程度である．つまりこんなに薄い範囲で圧力や密度，温度が劇的に変化する現象である．この間で分子同士が衝突をして衝撃波を形づくっている．

しからば気体分子の衝突がほとんど起こらない希薄な気体の場合，衝撃波が生じるかという疑問が出てくる．われわれの地球のまわりには，太陽からプラズマ（電離した気体）の超音速の風（毎秒 400 km）が吹いてきている．分子は 1 cm^3 あたり約 10 個で分子同士はほとんど衝突することはない．事実月のまわりには衝撃波はなく，太陽風は月の表面に直接当たる．プラズマ粒子の衝突がほとんど起こらないからである．しかし地球のまわりには衝撃波ができている．この衝撃波は地球磁場とプラズマ粒子の電磁気的な相互作用によって生じたもので，粒子の衝突によってできる衝撃波とメカニズムが異なっている．こういった粒子の衝突のない衝撃波を，無衝突衝撃波と呼んでおり，地球まわりの衝撃波の場合，厚さは数千 km にも及ぶらしい．

衝撃波は大きな音や，破壊をもたらすものや，プロペラの性能を落とすなど，あまりプラスのイメージはないかも知れない．しかしわれわれに有用な使われ方をする場合がある．すでに実用化された医療技術であるが，衝撃波を用いて胆嚢や腎臓などにできる結石を砕いて治療しようというものである．衝撃波を石のあるところにうまく集中させると，数回当てるだけで石は粉々になり，きわめて簡単に結石を取り除くことができる．

5. 管摩擦および管路内の流れ

水，油，空気，ガスなどの流体は管路（直管，曲がり管，拡がり管など）を用い，流体機械（コンプレッサ，送風機，ポンプなど）の動力源を利用して，弁などで輸送量を制御しながら近距離から遠距離間に輸送される．このような流体輸送は，灌漑や上・下水道，都市ガスや室内の空調などの身近なものから化学プラントやビル内空調，エンジンの給排気等々，各種産業機械から土木，航空，造船にかかわるすべての産業分野で利用されている．流体輸送問題を設計するには，送風機やポンプなどの性能と輸送量との関係を理解しなければならないし，管路内の流れを理解する必要がある．

いま，図 5.1 に示すような大きな水源から水を水平に輸送する場合を考えよう．水源の水位は輸送管から H だけ高いとしよう．また，水源は非常に広いため，輸送管で輸送されてもほとんど水位の変化がないとしよう．もしも，流体に粘性がないとすると，管で輸送される量がベルヌーイ (Bernoulli) の式を使って計算できる．輸送管の出口が大気に開放されているとすると，ベルヌーイの式から輸送管内の平均流速 V は $V = (2gH)^{1/2}$ となる．したがって，この速度に輸送管の断面積 A を掛けると時間あたりの輸送されてくる量 AV が出てくる．このように流体の粘性がないとすると，輸送量は水位と輸送管断面積で決まり，輸送管の長さに無関係であり，輸送量を変更するためには管断面を変化させるしかないことがわかる．しかし，実際の上水道の場合には，蛇口の開度や輸送管の長さによっても輸送量が変わるので，上の計算のようにはいかない．その原因は，流体が流れると水や空気の物性の 1 つである粘性によってエネルギーを失うからである．このエネルギー量を正確に見積もらなければ，設

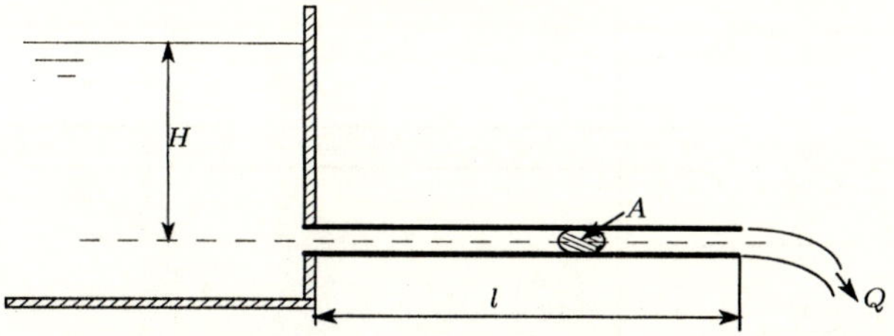

図 5.1 大きな水源からの流れ

計ができない．

一方，粘性のある実在流体の実際の流れ問題を解くことは容易ではない．しかもわれわれ人類の生活にとって，水や空気，ガスの輸送は必須のものである．そのため，古くから管路輸送について実験的に研究され，簡潔な公式を開発してきた．このような実用的な観点から導かれた公式が流れの本質とどのように結びついているのかを知ることは，これらの公式の利用できる限界や精度などが理解でき，さらにまた，これらの公式の改良や修正を加え，より実用性の高い公式を導くための指針となると考えられる．

そこで，本章では 1 次元流れに基礎を置く管路内流れについて述べる．まず，一定な断面（円，長方形など）をもつまっすぐな管（直管）について述べる．次に，流体輸送のための管路系は通常，弁（バルブ），コック，曲がり管（ベンド），分岐管，合流管 ，拡がり管（ディフューザ），狭まり管のような管路要素が必要に応じて接続されて成り立っている．そこで，これらの管路要素によるエネルギー損失のメカニズムと関連付けながら，管路系の設計やポンプあるいは送風機の容量の決定に際し必要不可欠な事柄について述べる．本章では，流れは非圧縮性で定常とし，密度 ρ は一定とする．

5.1 層 流 と 乱 流

1883 年にオズボーン・レイノルズ (Osborne Reynolds) がガラス管を用いた実験によって円管内の流れに層流と乱流があることを見つけた．彼は円管内の流れを見るために，管入口付近から細管を通してインキのような色の着いた水

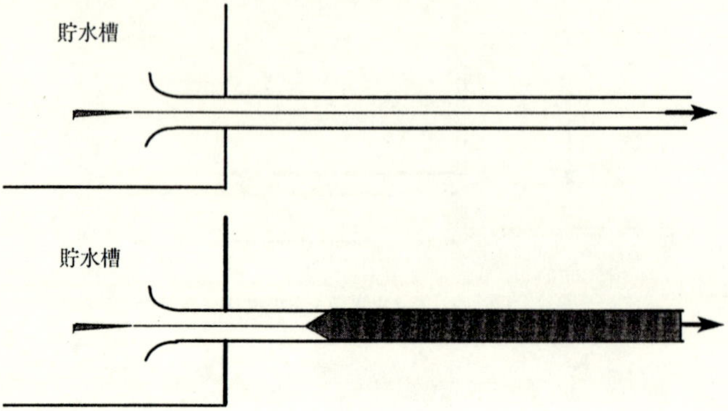

図 5.2　層流と乱流

を注入した．このとき，流速が小さいときには色の着いた流れは層状に出口まで流れて行く．しかし，流速がある速度以上になると初めは層状にきれいに流れていたものが，ある場所から管全体に色が拡散・混合して流れることを見つけた (図 5.2)．種々の管径や流速の実験結果から，これら 2 つの流れは $R_e = \frac{Vd}{\nu}$ がある値より大きいか小さいかで決まることを見つけた．この R_e はこの発見者の名を冠して**レイノルズ数**と名付けられた．また，前者の層状をなして流れる流れを**層流**と言い，後者の管全体に拡散・混合する流れを**乱流**と言う．また，層流から乱流になるレイノルズ数を**臨界レイノルズ数**と言う．通常の場合，この値は約 2300 である．この値より小さいレイノルズ数では層流になり，これより大きい場合には乱流になる場合と層流になる場合がある．どちらの流れになるかは管内流れに含まれる攪乱の大きさによって決まる．また，層流から乱流への変化は臨界レイノルズ数を超えるとすぐに変化するのではなく，**遷移領域**を経て変化する．この領域では十分発達した乱流になっていない．

層流流れでは，流体粒子は整然と流れているので，流体要素間では分子による粘性の支配的な流れである．しかし，乱流になると流体要素がランダムに運動するため，分子による運動量交換以外に流体要素自身の運動量交換が行われる．このため，平均的に見ると，分子粘性による応力以外に流体要素間の運動量交換にともなう見かけの応力が生じる．これが次節で述べるレイノルズ応力である．

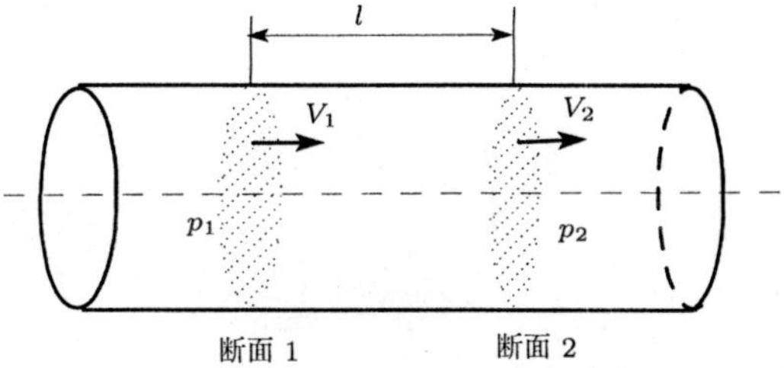

図 5.3 管路の流れ

5.2 管 摩 擦 係 数

図 5.3 のような水平におかれた管内を充満して流体が流れるとする．管断面形状はいたるところ同じで，また管長は非常に長いとする．この管内の流れを定常とすると，管入口や出口付近を除く流れは管のどの断面においても同じである．

いま，流れ方向に l 離れた 2 点を通る断面を断面 1 と 2 とする．断面 1 と 2 の同じ場所での流速を V_1 と V_2 とすると，$V_1 = V_2 = V$ である．もしも粘性がなければ，流線に沿ってベルヌーイの式が適用でき，

$$\frac{V_1^2}{2} + \frac{p_1}{\rho} + gz_1 = \frac{V_2^2}{2} + \frac{p_2}{\rho} + gz_2 = \text{一定}. \tag{5.1}$$

ただし，p と z は圧力と鉛直高さを表し，添え字 1 と 2 は断面 1 と 2 を表す．管が水平に置かれているので $z_1 = z_2$ である．この結果，$V_1 = V_2$ より圧力は

$$p_1 = p_2, \tag{5.2}$$

となる．

実際の粘性のある流れを考えてみよう．ここで，断面 1 と 2 内の圧力は一定とする．このとき，断面 1 と 2 の流れはまったく同じであるので，断面 1 と 2 で囲まれた流体が受ける外力は，各断面にはたらく圧力による力と壁面から受ける摩擦力である．圧力よる流れ方向の力は，断面積を A とすると $A(p_1 - p_2)$ である．壁面のせん断応力を τ_o とすると，摩擦力は断面の周囲の長さ S とす

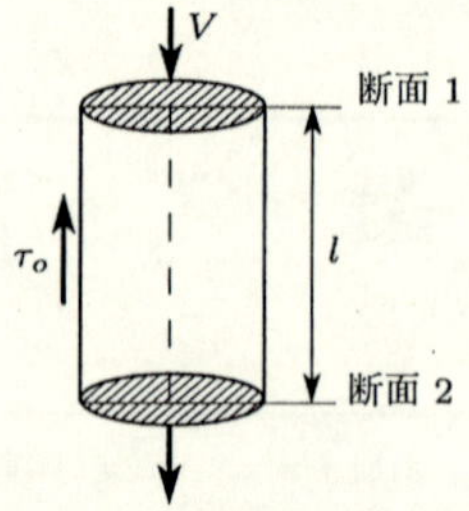

図 5.4 鉛直円管流れ

ると $Sl\tau_o$ となる．この 2 つの力が釣り合っていなければならないので，

$$p_1 - p_2 = \frac{S}{A} l \tau_o. \tag{5.3}$$

円管の場合，内径を d とすると，$A = \frac{\pi}{4}d^2$，$S = \pi d$ となり，$p_1 - p_2 = \frac{4l}{d}\tau_o$ となる．この円管の圧力差 $p_1 - p_2$ は，τ_o が一定とすると，管長 l に比例し管径 d に逆比例する．したがって，無次元係数 λ を導入すると式 (5.3) は

$$p_1 - p_2 = \lambda \frac{l}{d} \frac{1}{2} \rho V^2, \tag{5.4}$$

と表される．この λ は**管摩擦係数** (friction factor または resistance coefficient of pipe flow) と言われる．また，式 (5.3) と (5.4) から

$$\tau_o = \frac{\rho V^2}{8} \lambda, \tag{5.5}$$

である．つまり，λ を求めると，管壁のせん断応力 τ_o がわかる．

【例題】図 5.4 のような鉛直におかれた円管（管径 d）の中を密度 ρ の流体が充満して流れているとする．定常流れとし，円管の断面 1 と 2 の圧力差 $p_1 - p_2$ を，λ，l および平均速度 V を用いて表せ．

【略解】式 (5.3) の導出と同様に考えると，次のような関係が導かれる．

$$p_1 - p_2 = \frac{4l}{d}\tau_o - \rho l g,$$
$$p_1 - p_2 = \lambda \frac{l}{d} \frac{\rho V^2}{2} - \rho l g. \qquad \square$$

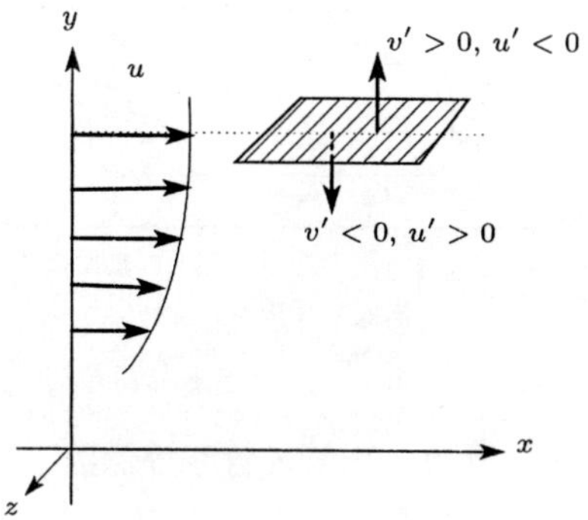

図 5.5　レイノルズ応力

5.2.1　乱流とレイノルズ応力

図 5.5 に示すように流体が x 軸方向に流れているとしよう．乱流では，流体粒子がランダムに動くと想定される．流速を (u, v) とし，その平均速度を $(\overline{u}, \overline{v})$ とする．ここで，平均速度とはアンサンブル平均であるが，近似的に時間平均と考えてもよい．流れは平均的に x 方向に流れるので，$\overline{v} = 0$ である．そこで，ある瞬間の $y = y$ における流速を

$$u = \overline{u} + u', \quad v = v', \tag{5.6}$$

とする．断面 y における流体粒子はほぼランダムに動いている．このため，$y = y$ より下面の流体粒子が断面を横切りこの面の上側に来たり逆のことが起こったりする．

断面 y における単位面積を考える．この断面の下方から上面に通過する流体要素の質量は単位時間あたり $\rho v'$ で，この要素は u' だけ増速される．したがって，運動量理論からこの断面より下側の流体に単位面積あたり $\rho v'(-(\overline{u} + u'))$ の力が流れ方向にはたらく．平均して考えると，この力は見かけのせん断応力であり，次式となる．

$$\tau_r = -\rho\overline{(\overline{u} + u')v'} = -\rho\overline{u'v'}. \tag{5.7}$$

この見かけの応力を**レイノルズ応力**[*1)] (Reynolds stress) と言う．

*1)　$\overline{u'} = \overline{v'} = 0$ であるが，一般的には $\overline{u'v'}$ は 0 ではない．

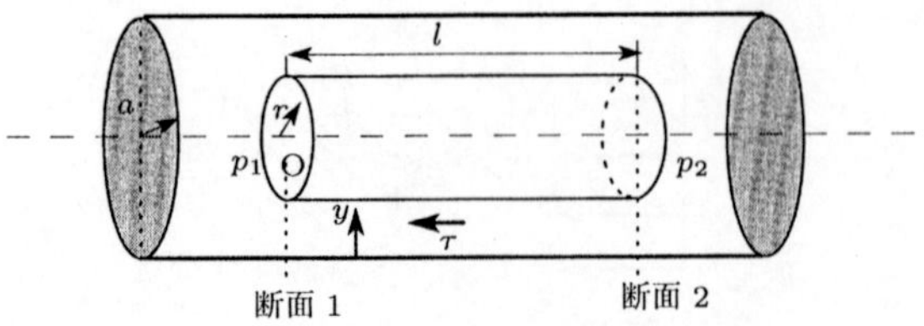

図 5.6　円管内の流れ

5.3　円管の管摩擦係数

本節では円管を取り上げる．管内の流れは管径が一定の場合には，流速の増加とともに管内流れが層流から乱流に変る．層流であるか乱流であるかはレイノルズ数が臨界レイノルズ数を超えるかによって予測されるが，多くの場合，管内流れは乱流になっている．以下に層流と乱流の場合について述べ，管摩擦係数がどのように求められるかについて説明する．

【例題】十分に長い直径 $d = 1\,\mathrm{cm}$ の円管内を $20°\mathrm{C}$ の水が流れている．臨界レイノルズ数を 2300 として，層流から乱流に遷移する管内平均流速を求めよ．

【略解】$20°\mathrm{C}$ の水の動粘性係数 ν は約 $0.01\,\mathrm{cm^2/s}$ である．したがって，

$$2300 = \frac{Vd}{\nu} = \frac{V(\mathrm{cm/s})}{0.01},$$
$$V = 23\,\mathrm{cm/s}. \qquad \square$$

5.3.1　ハーゲン・ポアズイユ流れ（層流）

円管内の層流流れについては第 4 章で厳密な議論がなされている．本章では運動量理論を用いて説明する．管半径を a とし，断面 1 と 2 間の長さを l とする．また，断面の中心を原点に取り，半径方向の座標を r で表し，その点の流速を $u(r)$ とする．このとき，断面 1 と 2 間の半径 r の円筒内の流体に及ぼす圧力による力 $\pi r^2(p_1 - p_2) = \pi r^2 \Delta p$，円筒表面の粘性力 $2\pi r l \tau$ との釣り合いから

$$\tau = \frac{r}{2l}\Delta p, \tag{5.8}$$

が得られる．流れが層流とすると，壁面からの距離 y は $y=a-r$ であるので，せん断応力 $\tau=-\mu\frac{du}{dr}$ となる．したがって，壁面境界でのすべりなしの条件 $u(a)=0$ を用いると

$$u(r)=\frac{1}{4\mu}\frac{\Delta p}{l}\left(a^2-r^2\right). \tag{5.9}$$

そこで，平均速度 $V=\frac{Q}{\pi a^2}$ を求めるために，まず流量 Q を求める．Q は次式となる．

$$Q=\int_0^a 2\pi r u(r)dr=\frac{\pi a^4}{8\mu}\frac{\Delta p}{l}. \tag{5.10}$$

この式をハーゲン・ポアズイユ (**Hagen-Poiseuille**) の式と言う．

この式から平均速度 V は，

$$V=\frac{Q}{\pi a^2}=\frac{a^2}{8\mu}\frac{\Delta p}{l}. \tag{5.11}$$

この結果 (5.11) と式 (5.4) より，次のように λ が求められる．

$$\lambda=\frac{\Delta p}{l}\frac{4a}{\rho V^2}=\frac{32\mu}{\rho Va}=\frac{64}{R_e}. \tag{5.12}$$

管内の流れが層流であれば，管摩擦係数 λ は上式 (5.12) のように求められる．図 5.7 は円管に関する実験結果をまとめたもので，レイノルズ数が約 2300 までは式 (5.12) がよくあっていることがわかる．

5.3.2 乱　　流

管内流れが十分に発達した乱流で，その時間平均した流れは定常とする．流れが乱流の場合にも式 (5.8) が成り立つ．

$$\tau=\frac{r}{2l}\Delta p. \tag{5.13}$$

十分発達した乱流ではせん断応力 τ は粘性によるせん断応力とレイノルズ応力 τ_r の和である．

$$\tau=-\mu\frac{\partial u}{\partial r}+\tau_r. \tag{5.14}$$

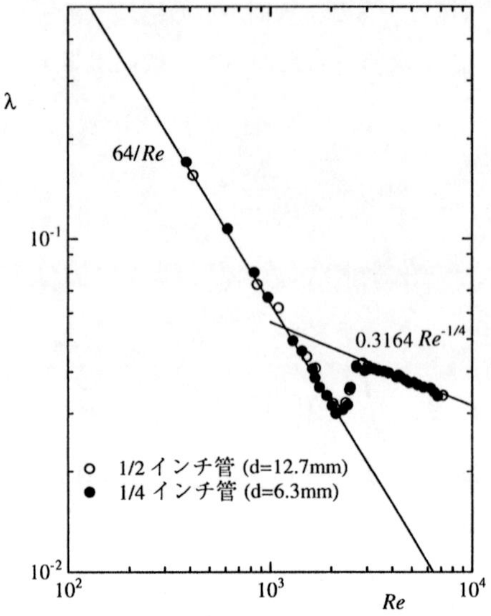

図 5.7 層流と管摩擦係数 (日本機械学会，1979 より改変)

上式右辺第 1 項のマイナスは壁面からの距離 y は $a-r$ となるからである．式 (5.13) を壁面に適用すると $\tau_o = \frac{a}{2l}\Delta p$ となる．したがって，式 (5.13) の圧力の項をこの式を用いて消去すると，

$$-\mu\frac{\partial u}{\partial r} + \tau_r = \tau_o\left(1 - \frac{y}{a}\right), \tag{5.15}$$

が得られる．この式を無次元表示しよう．壁面近くでは流速は 0 に近い．そこでの流れは壁面のせん断応力 τ_o と壁からの距離 y が主要な物理量である．そこで，壁面のせん断応力 τ_o と密度 ρ から速度の次元をもつ**摩擦速度** (friction velocity) u_* を定義しよう．

$$u_* = \left(\frac{\tau_o}{\rho}\right)^{1/2}. \tag{5.16}$$

この速度を用いると，y は次のように無次元化できる．

$$y_+ = \frac{u_* y}{\nu}. \tag{5.17}$$

このとき，式 (5.15) は次のように表現できる．

$$1-\frac{1}{R_e^*}y_+=\frac{d}{dy_+}\left(\frac{u}{u_*}\right)+\frac{\tau_r}{\rho u_*^2}. \tag{5.18}$$

ただし，レイノルズ数 R_e^* は

$$R_e^*=\frac{u_*a}{\nu}. \tag{5.19}$$

壁面から少し離れたところでは，y は a を用いて無次元化できる．

$$\eta=\frac{y}{a}. \tag{5.20}$$

このとき，式 (5.15) は次のようになる．

$$1-\eta=\frac{1}{R_e^*}\frac{d}{d\eta}\left(\frac{u}{u_*}\right)+\frac{\tau_r}{\rho u_*^2}. \tag{5.21}$$

ここで，R_e^* の大きい場合を考えよう．このとき，式 (5.21) から

$$\frac{\tau_r}{\rho u_*^2}\approx 1-\eta. \tag{5.22}$$

したがって，壁面から離れるとレイノルズ応力は η の関数として近似できる．このことから円管中心付近の流れは

$$\frac{u_o-u}{u_*}=f(\eta), \tag{5.23}$$

と表現できる．ただし，u_o は円管中心速度である．この式 (5.23) に示すように，管壁面から離れたところの流れはレイノルズ数や壁面の性質にかかわらず η のみの関数になる．これを**速度欠損則** (velocity defect law) と言う．

一方，壁面付近では式 (5.18) から

$$\frac{d}{dy_+}\left(\frac{u}{u_*}\right)+\frac{\tau_r}{\rho u_*^2}\approx 1. \tag{5.24}$$

この式から壁面近傍では粘性応力とレイノルズ応力の和が一定となる．このような性質を満たす領域を定せん断応力層と言うことがある．この領域では，

$$\frac{u}{u_*}\approx g(y_+), \tag{5.25}$$

と表すことができる．

それぞれの領域で速度分布が式 (5.23) および (5.25) で表現できるが，これらの領域が重なるところでは，両方の表現が可能である．したがって，重なる領域では次の関係が成立する．

$$\frac{du}{dy}\frac{y}{u_*} = y_+ g'(y_+) = -\eta f'(\eta). \tag{5.26}$$

このように 2 つの変数 y_+ と η で表現できるためには上式の値が定数でなければならない．この定数を $\frac{1}{\kappa}$ とおき，積分するとそれぞれ次のように求められる*1)．

$$f(\eta) \approx -\frac{1}{\kappa}\ln\eta + A, \quad g(y_+) \approx \frac{1}{\kappa}\ln y_+ + B. \tag{5.27}$$

A と B は積分定数である．ここで，定数 κ は**カルマン (Kármán) 定数**と呼ばれ，ほぼ 0.4 である．また，このように対数を用いて表現できるので，**対数則** (logarithmic law) と呼ばれる．

この結果，速度分布は対数則を用いて表現できる．

$$\frac{u(r)}{u_*} = \frac{1}{\kappa}\ln y_+ + A. \tag{5.28}$$

この式から速度欠損則が導かれる．

$$\frac{u(0) - u(r)}{u_*} = \frac{1}{\kappa}\ln\frac{y}{a}. \tag{5.29}$$

図 5.8 は実験結果である．式 (5.28) の対数則が $y_+ \geq 30$ ($\log y_+ \geq 1.5$) で成立することがわかる．また，この実験結果よりわかるように，対数則が壁面のごく近くまで満足しているのではない．管壁では流速が 0 となるすべりなしの条件が課せられている．したがって，管壁にごく近いところでは流速は遅くなり，粘性応力がレイノルズ応力よりも支配的となる．この付近の流れは**粘性底層** (viscous sublayer) と言われる．この領域 ($y_+ \leq 5$, $(\log y_+ \leq 0.7)$) では，次式を満たす．

$$\frac{u}{u_*} \approx y_+. \tag{5.30}$$

*1) 本節では自然対数を ln で，常用対数を log で表す．

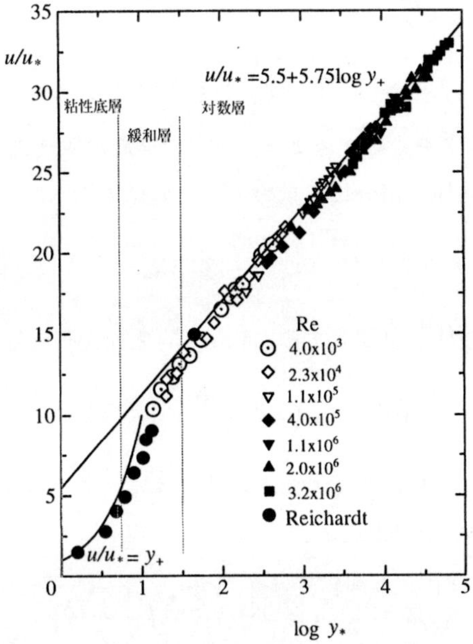

図 **5.8** 乱流速度分布 (日本機械学会，1979 より改変)

対数則を満たす領域と粘性底層となる領域の中間に**緩和層**（**バッファー層**，**遷移層**）(buffer layer, transition layer) が存在する．

壁面に凹凸のある場合について考えてみよう．壁面の凹凸の大きさを平均的に k としよう．このとき，壁面付近の長さの代表として k が考えられ，さらに，滑らかな壁面に対して用いた ν/u_* もある．これらの比 $R_k = \frac{ku_*}{\nu}$ を壁面粗さのレイノルズ数と言う．

これまでの滑らかな壁面の場合の考察からわかるように，$R_k \leq 5$ ならば壁面の凹凸が粘性底層内である．この場合には，壁面の凹凸により流れが乱されても粘性によってその乱れが抑えられ，対数速度分布は滑らかな場合と変らない．そこで，壁面の粗さが $R_k \leq 5$ を満たすものを**流体力学的に滑らかな** (hydroulically smooth) **壁面**と言う．

$R_k \gg 1$ では壁面の凹凸が ν/u_* より大きくなり，壁面の凹凸が流れを支配することになる．したがって，対数速度分布は変数 y_+ の代わりに y/k を用いて表現できる.

$$\frac{u(r)}{u_*} = \frac{1}{\kappa}\ln\frac{y}{k} + A. \tag{5.31}$$

次に，管摩擦係数 λ を求めてみよう．まず，平均流速は式 (5.29) が成り立つとして式 (5.10) と同様に積分して求める．その結果

$$V = u(0) - 3.75u_*. \tag{5.32}$$

式 (5.28) から，実験結果を加味する ($A \approx 5.5$) と $u(0)$ は次のようになる.

$$u(0) = u_*\left(2.5\ln\frac{au_*}{\nu} + 5.5\right). \tag{5.33}$$

管摩擦係数 λ は式 (5.5) より $\lambda = 8\left(\frac{u_*}{V}\right)^2$ である．したがって，式 (5.32) と (5.33) から次の関係式が導かれる.

$$\frac{1}{\lambda^{1/2}} = \frac{1}{2^{3/2}}\left[2.5\ln\left(\frac{au_*}{\nu}\right) + 1.75\right]. \tag{5.34}$$

この結果，常用対数を用いて簡潔にすると次のようになる.

$$\frac{1}{\lambda^{1/2}} = 2.035\log\left(R_e\lambda^{1/2}\right) - 0.91. \tag{5.35}$$

この結果と実験とを比較して係数を実験に合うように修正したのがプラントル・カルマン (Prandtl-Karman) の式である.

$$\frac{1}{\lambda^{1/2}} = 2.0\log\left(R_e\lambda^{1/2}\right) - 0.8. \tag{5.36}$$

同様に，壁面が粗面の場合には式 (5.28) と (5.31) との比較からわかるように式 (5.35) と同様な関係が得られる.

$$\frac{1}{\lambda^{1/2}} = 2.0\log\left(\frac{a}{k}\right) + 1.74. \tag{5.37}$$

図 5.9 はこれらの公式 (5.36)，(5.37) と実験結果との比較を示してある.

実用に供される管の壁面粗さを測定することは大変手間がかかる．そこで，図 5.10 に示す管摩擦係数の実験値をもとに，図 5.11 のムーディ(Moody) 線図が供されている．実用に供する管の圧力差と流量の関係から λ と R_e の関係を

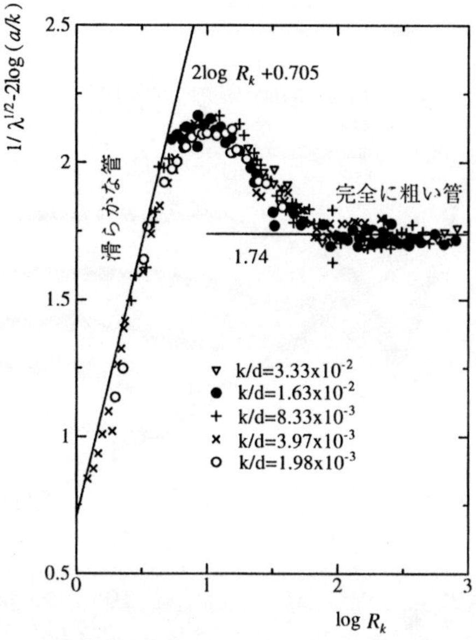

図 5.9　管摩擦係数と粗さ (日本機会学会，1979 より改変)

数点求めると，このムーディ線図に対応する粗さが求められる．この粗さを**等価相当粗さ** (equivalent roughness) k_e と言う．

図 5.10 に示すように，滑らかな管の管摩擦係数はブラジウス (Blasius) により実験的に求められている (**ブラジウスの実験式**)．

$$\lambda = 0.3164 R_e^{-1/4}. \tag{5.38}$$

この結果を利用して，これまでとは逆に速度分布を求めてみよう．式 (5.38) から u_* とレイノルズ数の定義から，次の関係式が得られる．

$$\frac{V}{u_*} = 6.99 \left(\frac{u_* a}{\nu}\right)^{1/7}. \tag{5.39}$$

そこで，実験結果から $V/u(0) \approx 0.8$ であるので，この関係を利用すると，

$$\frac{u(0)}{u_*} = 8.74 \left(\frac{u_* a}{\nu}\right)^{1/7}. \tag{5.40}$$

この結果と速度欠損則を利用すると

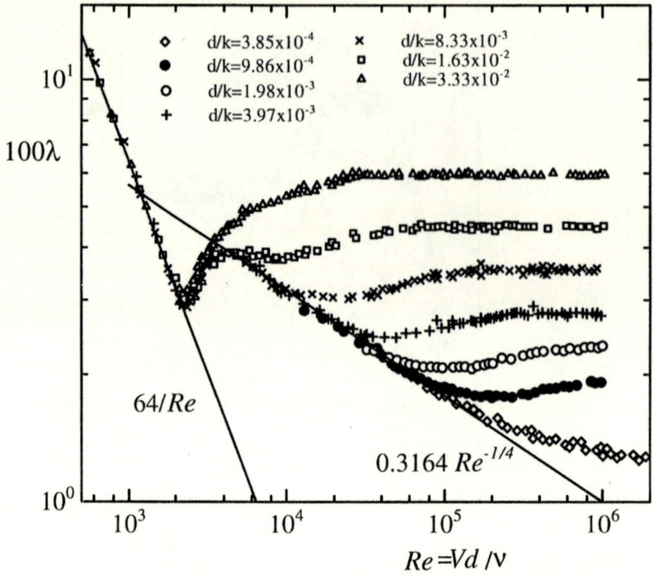

図 5.10 管摩擦係数 (日本機会学会，1979 より改変)

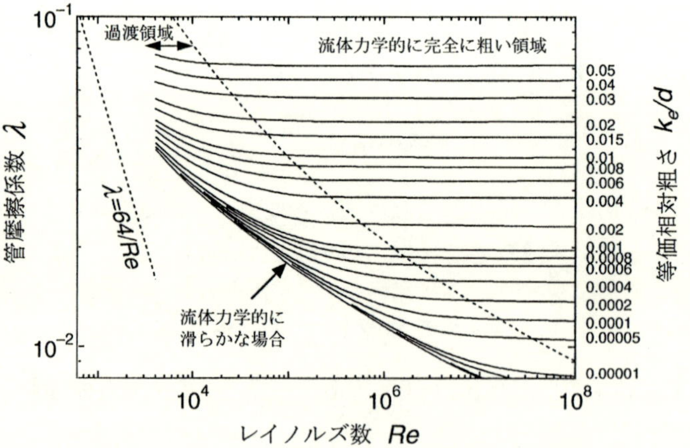

図 5.11 ムーディ線図 (日本機会学会，1979 より改変)

$$\frac{u(r)}{u(0)} = \left(\frac{r}{a}\right)^{1/7}, \tag{5.41}$$

が導かれる．これを **1/7 乗則** (1/7-th-power law) と言い，管内の速度測定から流量を求めたりする場合に利用されている．

5.4　エネルギーこう配線および水力こう配線

図 5.12 は，タンク 1 と 2 を連結した管路を示している．この場合，水はタンク 1 から 2 の方へ圧力差で流れており，タンクは十分大きい，すなわち，両方のタンクの水位は変化しないものとする．また，水面に作用する圧力は大気圧に等しいとする．

いま，管路内の圧力（静圧）を測定するために，細いガラスのパイプ（上端は開放）を図のように固定すると，各々のガラスパイプ内のある高さまで水が上昇する．その高さはその場所での圧力 p に相当しており，それは $p/\rho g$ で表される．これを**圧力ヘッド** (pressure head)*[1]と言う．

基準水平面とタンク 1 の水面との垂直距離を H とし，管路内の 1，2 および 3 においてベルヌーイの式を適用すると

$$\begin{aligned} H &= \frac{V_1^2}{2g} + \frac{p_1}{\rho g} + Z_1 + h_{l1} \\ &= \frac{V_2^2}{2g} + \frac{p_2}{\rho g} + Z_2 + h_{l2} = \frac{V_3^2}{2g} + \frac{p_3}{\rho g} + Z_3 + h_{l3} \end{aligned} \tag{5.42}$$

となる．ここで，V，p，Z，h_l はそれぞれ管内の平均速度，圧力，基準水平面からの垂直距離，**損失ヘッド**を表し，添字 1，2 および 3 はそれぞれの場所を表す．この式はエネルギーの保存を表し，総和である H は**全ヘッド** (total head) と呼ばれ，1 つの流線上では一定である．また，この式の各項は長さの単位をもっている．図中の破線を**水力こう配線** (hydraulic grade line)，水力こう配線に**速度ヘッド** (velocity head) をプラスした実線を**エネルギーこう配線** (energy grade line) と言う．パイプ内の水位は流れ方向に減少している（すなわち，圧

*1)　「ヘッド（head)」あるいは「水頭」という語は，流体を扱うときによく用いられ，圧力やエネルギーの尺度として使われる．単位は長さ［m］で表す．

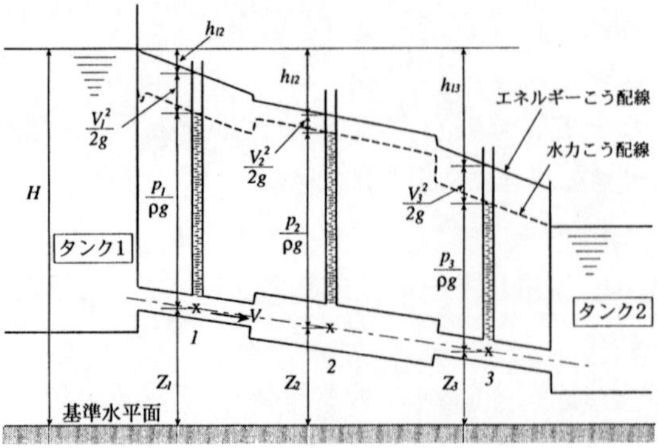

図 5.12　エネルギーこう配線と水力こう配線

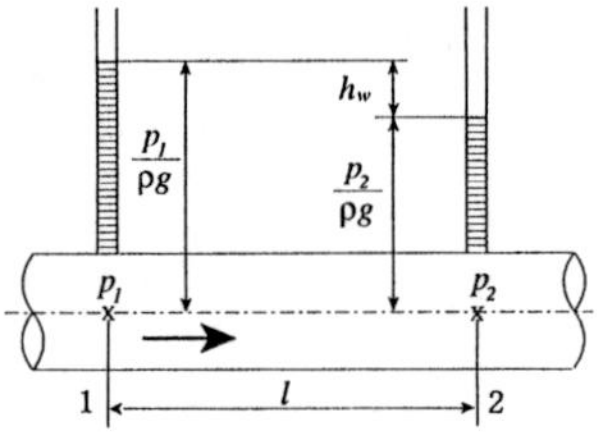

図 5.13　水平な直円管内の流れ（損失のある場合）

力ヘッド $p/\rho g$ の高さが減少している）ことがわかる．これは，圧力が流れ方向に減少していることを示しており，このような流れは通常の管内の流れであり，$dp/dx < 0$ であることを意味する．すなわち，流体は圧力の高い領域から圧力の低い領域へ流れる．

また，水には粘性があるため，壁面上の水の速度が 0 となり，壁面と水との間でせん断応力（摩擦応力）が作用する．つまり，壁面は水が流れることに抵抗し，逆に水はその抵抗に逆らって流れることになる．そのため，エネルギー損失が生じ，流れ方向に損失ヘッド (head loss) h_l が生じることになる．

図 5.13 において，1 と 2 間の長さを l とし，$d_1 = d_2$（内径が同一），$V_1 = V_2$（連続の式から），$Z_1 = Z_2$（水平），これらの関係を式 (5.42) に代入すると，損失ヘッドは次式で与えられる．

$$h_l = \frac{p_1 - p_2}{\rho g} = \lambda \frac{l}{d} \frac{V^2}{2g} \tag{5.43}$$

ここで，λ は**管摩擦係数** (friction coefficient) と呼ばれ，レイノルズ数 R_e の関数である．

5.5　管断面積が変化する管内の流れ

5.5.1　急　拡　大　管

図 5.14 に示すように，断面積 $A_1\,(=\pi d_1^2/4)$ の管 1 にそれよりも大きい断面積 A_2 の管 2 が接続されている管路要素を**急拡大管**と言う．流体は管 1 から管 2 へ流れているものとする．V_1，V_2 を平均速度とすると，連続の式 $A_1V_1 = A_2V_2$ から，$V_1 > V_2$ となり，急拡大部（断面 1′）では，流速の速い V_1 の流体は急拡大しているコーナーに沿って流れることができず（コーナーから剥がれて流れるため)，流速の遅い V_2 の流体へ噴流となって流れる．そのため，管 2 の接続部のコーナー部分で渦流が発生するとともに，摩擦損失以外にかなりのエネルギー損失が生ずる．

断面 1,1′,2 で圧力 (静圧) を測定するために先端が穴の開いたガラスのパイプを固定すると，圧力は断面 1′ では低下し，断面 2 で再び上昇する．断面 1 と 2 の間において，管摩擦損失を無視した場合のベルヌーイの式は

$$\frac{V_1^2}{2g} + \frac{p_1}{\rho g} = \frac{V_2^2}{2g} + \frac{p_2}{\rho g} + h_l \tag{5.44}$$

となる．ここで，h_l は損失ヘッドである．式 (5.44) より

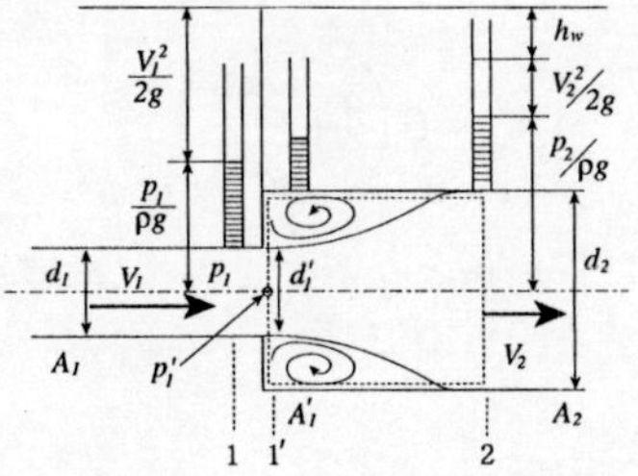

図 5.14　急拡大管内の流れ

$$h_l = \frac{V_1^2 - V_2^2}{2g} - \frac{p_2 - p_1}{\rho g} \tag{5.45}$$

となる．また，検査面を破線のようにとり，急拡大直後の圧力 p_2 は p_1 にほぼ等しいとし，$A_1' = A_2$ とすると，運動量の法則および連続の式から

$$(p_1 - p_2)A_2 = \rho Q(V_2 - V_1), \quad Q = A_1V_1 = A_2V_2 \tag{5.46}$$

となる．ここで，Q は流量である．式 (5.46) を式 (5.45) へ代入すると損失ヘッドは

$$\begin{aligned} h_l &= \frac{V_1^2 - V_2^2}{2g} - \frac{1}{\rho g}\frac{\rho Q(V_2 - V_1)}{A_2} \\ &= \frac{V_1^2 - V_2^2}{2g} - \frac{1}{\rho g}\frac{\rho A_2V_2(V_2 - V_1)}{A_2} \\ &= \frac{(V_1 - V_2)^2}{2g} = \frac{V_1^2}{2g}\left(1 - \frac{A_1}{A_2}\right)^2 \end{aligned} \tag{5.47}$$

となる．しかし，実際には次式となる．

$$h_l = \xi\frac{(V_1 - V_2)^2}{2g} \tag{5.48}$$

ここで，ζ を損失係数として，損失ヘッドを

$$h_l = \zeta\frac{V_1^2}{2g} \tag{5.49}$$

と定義すると損失係数 ζ は

$$\zeta = \xi\left(1 - \frac{A_1}{A_2}\right)^2 \tag{5.50}$$

となる．ここで，ξ は 1 に近い値となる．この損失係数 ζ に関して，次のような実験式がある．

$$\zeta = 1.058 - 2.044\left(\frac{A_1}{A_2}\right) + 0.986\left(\frac{A_1}{A_2}\right)^2 \tag{5.51}$$

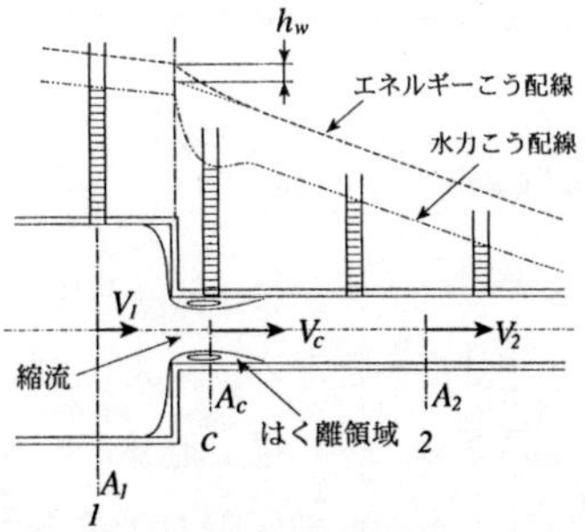

図 5.15 急縮小管内の流れ

5.5.2 急 縮 小 管

流れ方向に管断面積が急縮小する場合，縮小部では図 5.15 に示すように，急拡大管の場合と同様に，流体がコーナーからはく離し**縮流部**ができる．その後流体は管全体に充満して流れる．また，断面 1 から縮流部 c までの流れは加速流れ領域となり，縮流部 c の下流は断面積が広がることによる減速流れ領域となる．**急縮小管**内で生ずる損失ヘッドは，断面 1 から縮流部 c まで（急縮小部）の損失ヘッドと，c から 2 まで（漸次拡がり部）のそれの和となる．ところが，前者の損失ヘッドは後者に比べて非常に小さいので無視すると，後者の損失ヘッドは式 (5.47) と同様にすると

$$h_l = \frac{(V_c - V_2)^2}{2g} = \frac{V_2^2}{2g}\left(\frac{A_2}{A_c} - 1\right)^2 \tag{5.52}$$

となる．式 (5.49) と同様に，損失ヘッドを

$$h_l = \zeta \frac{V_2^2}{2g} \tag{5.53}$$

とすると，損失係数は

$$\zeta = \left(\frac{A_2}{A_c} - 1\right)^2 = \left(\frac{1}{C_c} - 1\right)^2 \tag{5.54}$$

となる．ここで，$C_c(= A_c/A_2)$ は収縮係数（coefficient of contraction）と呼ばれる．C_c および ζ の値に関して，入口の角が鋭い場合の実験結果を表 5.1 に示す．この表より，C_c が小さいほど損失が大きいことがわかる．大きな容器内

表 5.1　急縮小管路の収縮係数 C_c と損失係数 ζ

A_2/A_1	0.1	0.2	0.3	0.4	0.5	0.6	0.7	0.8	0.9	1.0
C_c	0.61	0.62	0.63	0.65	0.67	0.70	0.73	0.77	0.84	1.00
ζ	0.41	0.38	0.34	0.29	0.24	0.18	0.14	0.089	0.036	0

の流体を排出するために小さなパイプを取り付ける場合は $A_1 = \infty$ と見なせるため，$A_2/A_1 \to 0$ となり，ζ は最小となる．図 5.16 に示すように，**パイプの入口形状**によって損失係数は異なる．それは，流体がパイプの角に沿って流れるか，はく離するかに依存している．この図の (b) のように，パイプの角に丸みをつけると ζ は小さくなる．(c) の形状は**ボルダの口金** (Borda's mouth piece) と言われている．

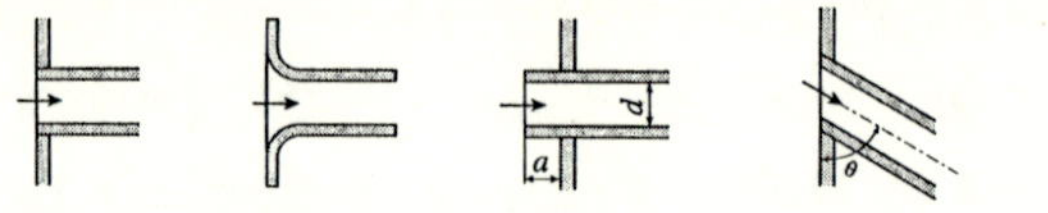

図 5.16　各種入口形状と損失係数 ζ

5.5.3　拡 が り 管

図 5.17 に示すように，流れ方向にゆるやかに断面積が拡大する管路をディフューザ（diffuser）という．断面積，速度および圧力を A，V および p とし，添字 1，2 は拡大前，拡大後とすると（p_2' は拡がり管出口直後の圧力），損失がない場合，ベルヌーイの式および連続の式は

$$\frac{\rho}{2}V_1^2 + p_1 = \frac{\rho}{2}V_2^2 + p_2', \quad Q = A_1V_1 = A_2V_2 \tag{5.55}$$

となる．式 (5.55) から

$$p_2' - p_1 = \frac{\rho}{2}(V_1^2 - V_2^2) = \frac{\rho V_1^2}{2}\left[1 - \left(\frac{A_1}{A_2}\right)^2\right] \tag{5.56}$$

となる．この圧力は，図 5.17 において，破線で示している．実際には，流体に粘性があるため損失が生じ，実線のようになる．拡大後の圧力は $p_2(< p_2')$ と

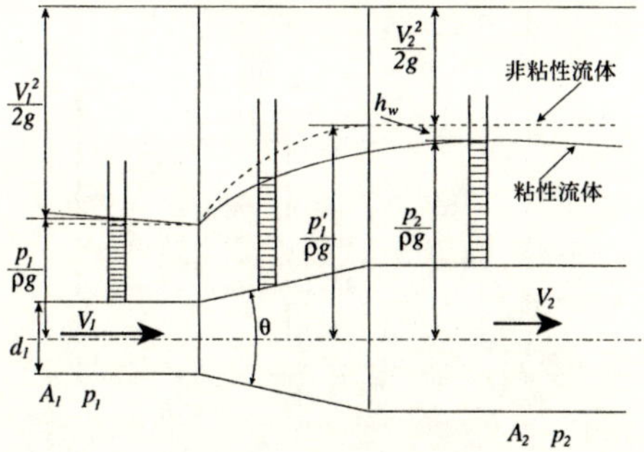

図 5.17 拡がり管内の流れ

なり，その最大値は拡大し終わった下流の場所にある（円管の場合，内径の 4〜6 倍の下流にある）．このように，流れ方向にゆるやかに断面積が拡大する管においては，流れ方向に圧力が上昇する $(dp/dx > 0)$ 流れとなり，まっすぐな管内流れ $(dp/dx < 0)$ と逆になる．また，拡がり管は速度エネルギーを圧力エネルギーに変換する役割をもっており，ポンプや送風機において重要な部分となっている．

ここで，実際の圧力上昇と損失のない理論圧力上昇との比を

$$\eta = \frac{p_2 - p_1}{p_2' - p_1} \tag{5.57}$$

と表すと，η は断面積が拡大することによって速度エネルギーが圧力エネルギーに回復する効率を表している．この η を**圧力回復率**または**拡がり管の効率** (diffuser efficiency) という．

損失ヘッドを式 (5.47) と同様に表せば

$$h_l = \zeta \frac{(V_1 - V_2)^2}{2g} \tag{5.58}$$

となる．図 5.18 に，円すい形拡がり管の場合のギブソン (Gibson) による実験結果を示す．この図から，拡がり角が $\theta = 5〜6°$ のとき ζ は最小値となる．また，ζ は $\theta = 60°$ 付近で最大値となり，さらに，θ が増加すると $\zeta \fallingdotseq 1$ 程度となることがわかる．

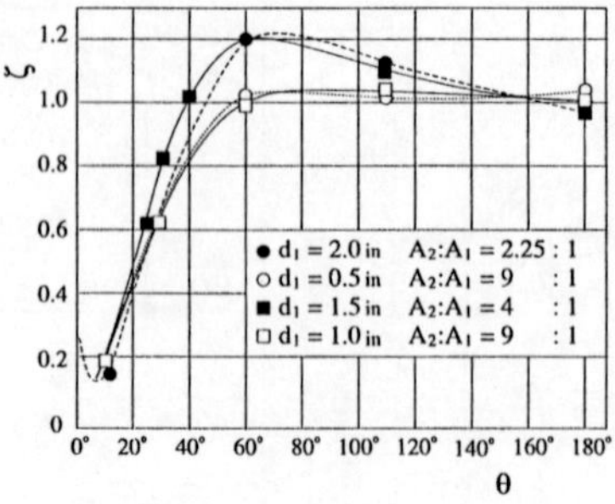

図 5.18　円すい形拡がり管の損失係数

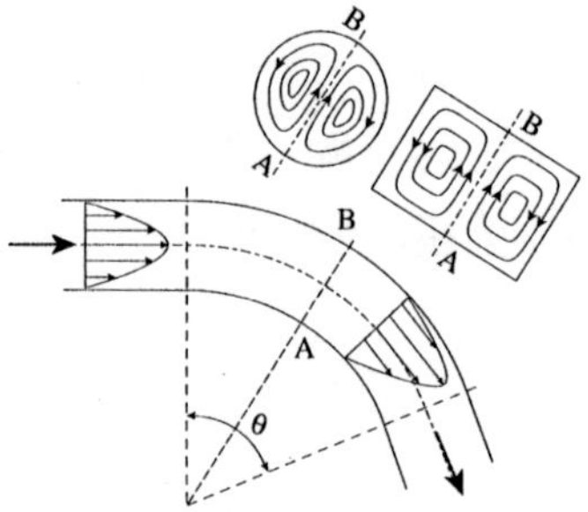

図 5.19　曲がり管内の流れ

5.6　流れ方向を変える管内の流れ

5.6.1　曲　が　り　管

流体の流れ方向を変えるために，図 5.19 のような流路（**曲がり管**，bend）が使われる．このような曲がり管内を流体が流れると，流体要素に遠心力がはたらくため，外壁方向へ向かう流れが生ずる．そのため，外壁上（B）での圧力（静圧）は内壁上（A）でのそれより高くなり，半径方向に圧力こう配が存在する．

通常，流体は高圧力領域から低圧力領域の方へ流れるが，流路中央部分における流れ方向（主流）の流速の速い流体は遠心力（速度の 2 乗に比例する）が大きいためこの圧力差に逆らって外壁方向へ流れる．上壁および下壁付近の流

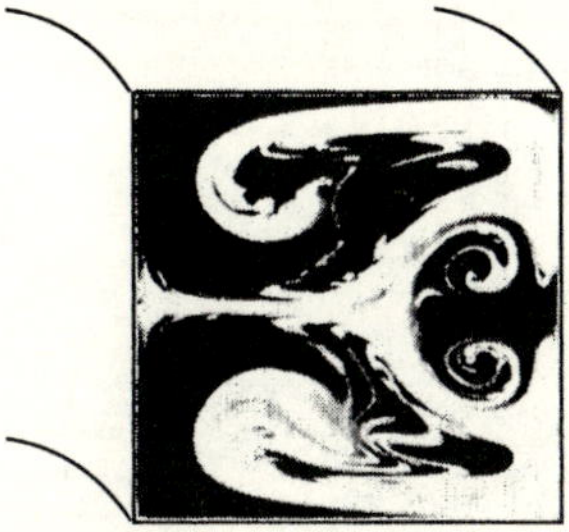

図 **5.20** 正方形断面内における 2 次流れ (Sugiyama ら, 1983)

速の遅い流体は，その流体に作用する遠心力よりも内側に向かう圧力差の方が勝るので，内壁方向へ流れる．それゆえ，中央部分の流体は外壁付近の速度の遅い流体を外壁方向へ押しつけるとともに，外壁から上壁および下壁に沿って強制的に内壁方向へ押し流すことになる．その結果，図 5.19 に示すように，流路断面内には対称な一対の渦巻き状の流れが発生する．このような流れを **2 次流れ** (secondary flow) という．もちろん，紙面に対して直角に大きな流れ（主流）があるため，1 つの流体要素は断面内で 1 回転するのではなく，断面 AB に対して対称な一対のらせん状となって流れる．この図は低レイノルズ数の場合であり，高レイノルズ数になると，図 5.20 に示すように，外壁付近にも一対の渦が発生し，さらに複雑な流れとなる．

曲がり管内の 2 次流れが強くなると，最大速度の位置は管中心から外壁方向へ偏り，直管の場合と大きく異なる（図 5.19 参照）．そのため，曲がり管内の圧力損失は直管のそれより増加する．

曲がり管内の損失ヘッド h_l は管摩擦損失と曲がりのみによる損失ヘッドの和となる．すなわち，

$$h_l = \zeta \frac{V^2}{2g} = \left(\lambda \frac{l}{d} + \zeta' \right) \frac{V^2}{2g} \tag{5.59}$$

ここで，ζ は全損失係数，λ は管摩擦係数，ζ' は曲がりのみによる損失係数である．

伊藤の実験 ($R/d > 1$, $2 \times 10^4 < R_e < 4 \times 10^5$) によると，次式が報告されている．すなわち，

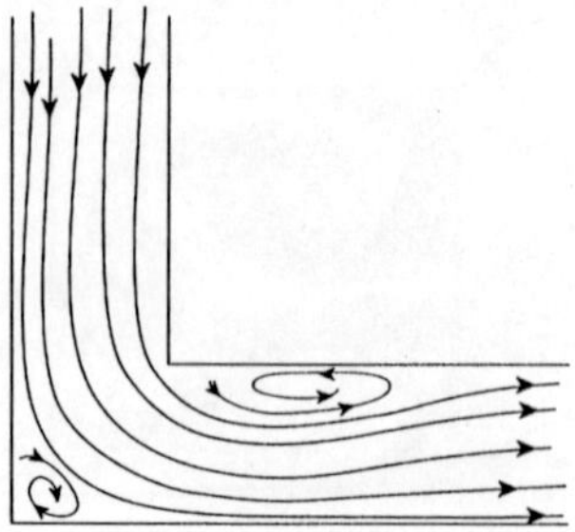

図 5.21 角をもつエルボ内の流れ

$$\zeta = 0.00515\alpha\theta\frac{(R/d)^{0.9}}{R_e^{0.2}}, \quad \frac{R_e}{(R/d)^2} < 364$$
$$\zeta = 0.00431\alpha\theta\frac{(R/d)^{0.84}}{R_e^{0.17}}, \quad \frac{R_e}{(R/d)^2} > 364 \tag{5.60}$$

ここで，α の値は $\theta = 90°$ の場合，

$$\begin{aligned} \alpha &= 0.95 + \frac{4.42}{(R/d)^{1.96}}, \quad R/d < 9.85 \\ \alpha &= 1.0, \qquad\qquad\qquad R/d > 9.85 \end{aligned} \tag{5.61}$$

である．

5.6.2 エ ル ボ

図 5.21 に示すように，同一断面の直管をつなぎ合わせ，曲がり部に角があるような曲がり管を**エルボ** (elbow) という．エルボの角部では流れのはく離が生じやすく，曲がり管に比べて損失ヘッドが大きくなる．エルボにおける損失ヘッドをこれまでと同様に

$$h_l = \zeta\frac{V^2}{2g} \tag{5.62}$$

と表すと，各種エルボの損失係数と角度 θ においては，図 5.22 のような関係がある．この図の中で，添字 r，s は内面が粗い面の管，滑らかな面の管を表す．次式で示す曲線 C は，ワイスバッハ (Weisbach) の実験式とも言われている．

$$\zeta = 0.946\sin^2\left(\frac{\theta}{2}\right) + 2.05\sin^4\left(\frac{\theta}{2}\right) \tag{5.63}$$

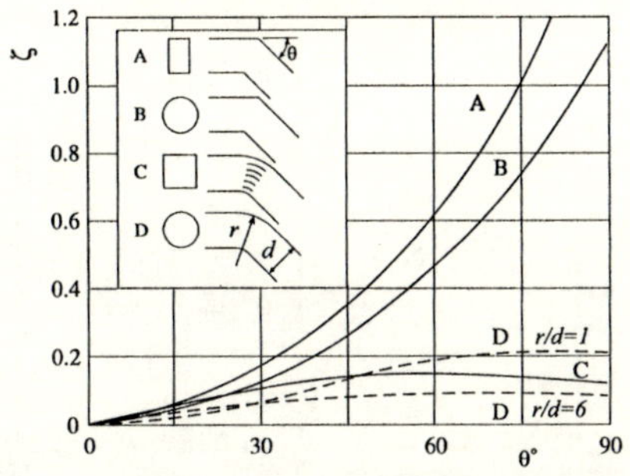

図 **5.22** 各種エルボの損失係数

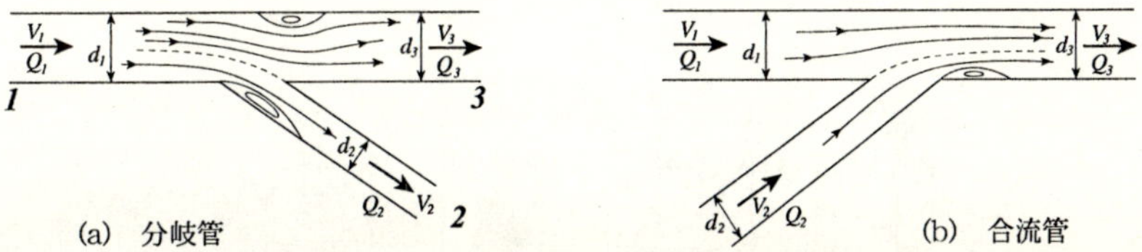

図 **5.23** 分岐管および合流管内の流れ

5.6.3 分岐管および合流管

図 5.23 に示すように，流れを分岐および合流させる目的のために，T字形 $(\theta = 90°)$ やY字形をした管路要素が使用される．このような管路においては，流れの大きさや方向変化による損失が生ずる．この図のように，分岐管 (a) においては，管摩擦損失のほかに 1（主管）から 2（支管）へ流れるとき曲がりによる損失と，1から3への流れにおいては，図に示すようなうず領域が発生し縮小部から拡がることによる損失が生ずる．合流管 (b) においても，分岐管 (a) と同様にうず領域の発生により，狭まり損失や拡がり損失が生ずる．

分岐管および**合流管**における損失ヘッド h_l は，式 (5.49) と同様に表すと，次式のようになる．

(a) 分岐管の場合

$$h_{l12} = \zeta_{12}\frac{V_1^2}{2g}, \quad h_{l13} = \zeta_{13}\frac{V_1^2}{2g}, \tag{5.64}$$

(b) 合流管の場合

$$h_{l13} = \zeta_{13}\frac{V_3^2}{2g}, \quad h_{l23} = \zeta_{23}\frac{V_2^2}{2g}. \tag{5.65}$$

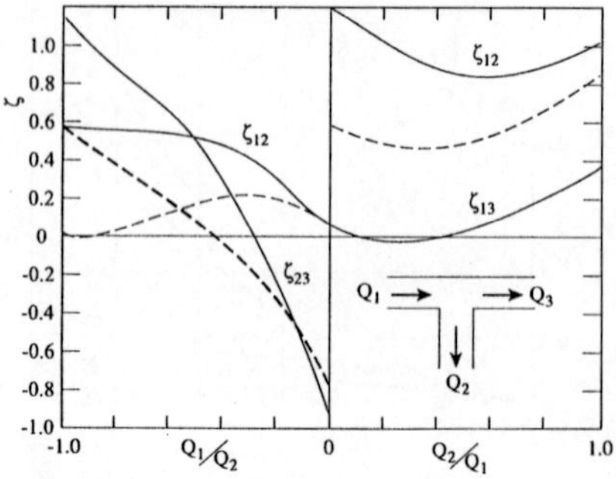

図 **5.24**　同一内径のT字管における分岐・合流損失係数（破線は角の丸み $r = 0.5d$）

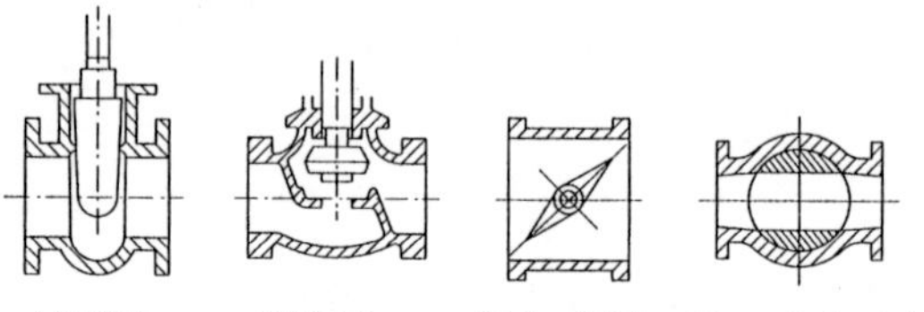

図 **5.25**　種々の形状の弁

ここで，ζ_{12} は 1 から 2 の方向へ流れる場合の損失係数を表す．

図 5.24 に，同一内径のT字管における実験結果を示す．

5.7　流量調節（弁）

管路系において，流量を調節するために**弁** (valve) が使用される．図 5.25 に，種々の形状の弁を示す．弁の開閉により流量が変化するのは弁に損失ヘッドを生じさせているからである．損失ヘッドを式 (5.49) と同様に表すと，損失係数 ζ は流量が 0（全閉時）のとき無限大となり，流量が最大（全開時）のときに最小となる．ζ の値は弁の形状により異なり，その一例を表 5.2 に示す．この表は呼び口径 40 mm の各種弁における値である．

【演習問題】

問題 5.1　平行 2 平板間の十分に発達した乱流流れにおいても対数則

表 5.2 呼び口径 40 mm の ζ

弁	仕切弁	玉形弁	コック
ζ	0.2	4.6	0.05

が成立することを説明せよ．

問題 5.2 管摩擦係数 λ は本章で述べたプラントル・カルマンの式やブラジウスの式以外に種々提案されている．これらについて調べ，それらの適用できるレイノルズ数の範囲を示せ．

問題 5.3 本文の手順に従って，式 (5.41) を導け．

問題 5.4 湾曲している川は，ますます湾曲する傾向がある．その理由を説明せよ．

問題 5.5 コーヒカップ内のコーヒーをスプーンでかき混ぜると，溶けていない砂糖はカップ内全体に浮遊するが，やがてカップ底の中央部分に堆積する．その理由を説明せよ．

Coffee Break

トルクコンバータ

最近の自動車の多くはオートマチック車が多くなってきた．操縦が簡単な上，燃費もマニュアル車とあまり変わらない．このオートマチック車の心臓部が**トルクコンバータ**といわれる継ぎ手である．これはポンプとタービンを向かい合わせに組み合わせており，エンジンからの動力でポンプが回ると，オイルが旋回しながらポンプからタービンに流れ込み，タービンを駆動してまたポンプへ戻る．このオイルを介して動力がタービンそしてギアへと伝わる．このポンプとタービンの間にステータといわれる静止した翼列を入れることにより，ポンプよりも大きなトルクをタービンに伝えることもでき，これがトルクコンバータである．オートマチック車はこのトルクコンバータと遊星歯車を使った自動変速機からなっている．流体継ぎ手は優れた特性をもっており，どんなに下手な人が自動車を運転しても，ノッキングやエンストが起こらない．動力が伝わる初期状態では，単に継ぎ手内をオイルが流れるだけであり，半クラッチの状態

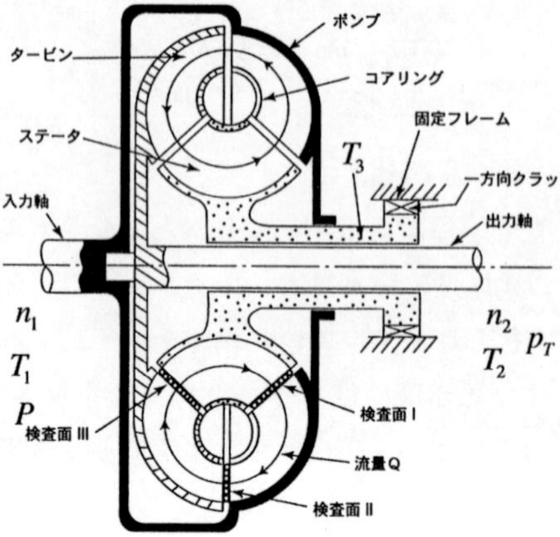

図 **5.26** トルクコンバータの構造（大橋，1987）

に対応する．急激に負荷が変わるような機械，たとえばパワーショベルなど土に入ったとたんに負荷が急増加するが，このような機械の動力伝達にも流体継ぎ手が使われている．

6. 付　　録

6.1　微分法と偏微分法の簡単な説明

6.1.1　微　　分　　法

変数 x の関数 $f(x)$ があるとする．関数の値は x の値を入れれば出てくるので，$y = f(x)$ とすると，x を独立変数，y を従属変数と呼ぶことが多い．関数も誤解のないときには $y(x)$ と書いたりする．ある点 c での関数の挙動を調べるために微分法を考える．変数 x が c から $c+h$ まで動くとき，$f(x)$ は $f(c)$ から $f(c+h)$ まで変化する．関数の値の平均の変化率は

$$\frac{f(c+h)-f(c)}{h} \tag{6.1}$$

と書ける．この変化率は h の大きさによって変動するかもしれないが，h が小さいときほぼ一定の値に落ち着くことが多い．このような場合に，h を 0 に近づけると，平均の変化率が h に依存しないある一定値 a にいくらでも近づくときに，関数 $f(x)$ は点 $x = c$ において微分可能であるといい，一定値 a を $x = c$ における $f(x)$ の微分係数という（よくこれを微分といっているが，正しくは微分係数である）．微分係数を $f'(c)$ と書くと，上で述べたことは

$$\lim_{h \to 0} \frac{f(c+h)-f(c)}{h} \to f'(c) \tag{6.2}$$

と書ける．上のような条件が満たされないときは，もちろん微分不可能である．いま述べた議論は難しそうであるが，流体力学で微分を扱う場合は，密度や流速，温度などの従属変数が，滑らかに変化する場合が多く，その場合にはそれ

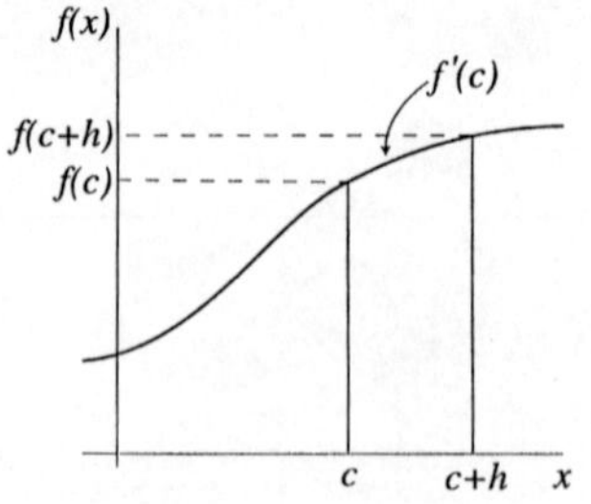

図 6.1　微分係数

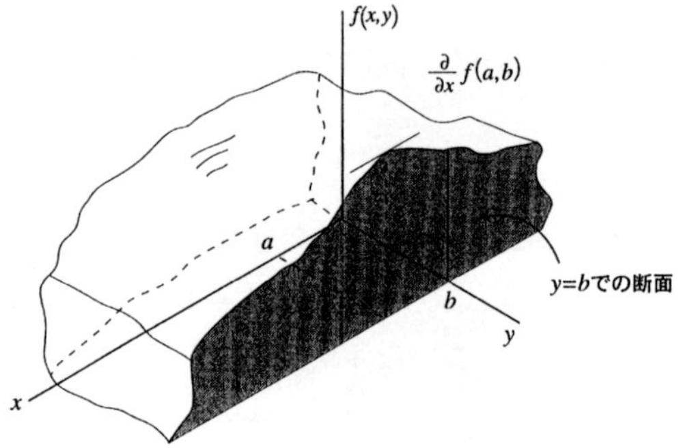

図 6.2　偏微分係数の概念図

らの変数は微分可能であるとしてよい．

また，導関数というのは，関数 $f(x)$ が $x=c$ だけでなく，ある範囲のすべての点において微分可能なとき，点 x における微分係数 $f'(x)$ を新しい x の関数と見なすことができ，これを $f(x)$ の導関数といって，$f'(x)$ や $\frac{df}{dx}(x)$ といった書き方をする．もちろん簡単に従属変数 y をそのまま用いて，$y'(x)$ とも書く．

6.1.2　偏 微 分 法

1 変数 x に関する微分法は，簡単にいうと以上のようであるが，流体力学のように 3 次元空間での現象を扱う場合独立な変数として，空間の位置 x, y, z が変数となる．その上現象が時間的に変化する非定常な流れでは，時間 t も独立変数となる．たとえばスカラーである圧力 p は $p(x, y, z, t)$ と書けるだろう．いま簡単のために2つの独立変数 x, y の関数 $f(x,y)$ を考える．この関数で変数 y を定数 b に等しいとおいた x の関数 $f(x,b)$ が $x=a$ で微分係数をもつとき，これを点 (a,b) における x に関する偏微分係数といい，$f_x(a,b)$ とか $\frac{\partial}{\partial x}f(a,b)$ などと書く．またこのとき $f(x,y)$ は点 (a,b) で x に関して偏微分可能であるという．偏微分係数の場合は，1変数の場合の微分係数と区別するために d の代わりに ∂ を用いることに注意しよう．読み方はディーであるが，中には読み方も区別してラウンドと読む人もいる．式で書くと

$$\frac{\partial}{\partial x}f(a,b) = \lim_{h \to 0} \frac{f(a+h,b) - f(a,b)}{h} \tag{6.3}$$

と表せる．同様にして関数 $f(x,y)$ で，今度は変数 x を定数 a に等しいとおいた y の関数 $f(a,y)$ が $y=b$ で微分係数をもつとき，これを点 (a,b) における y に関する偏微分係数といい，$f_y(a,b)$ とか $\frac{\partial}{\partial y}f(a,b)$ などと書く．またこのとき $f(x,y)$ は点 (a,b) で y に関して偏微分可能であるという．

$$\frac{\partial}{\partial y}f(a,b) = \lim_{h \to 0} \frac{f(a,b+h) - f(a,b)}{h} \tag{6.4}$$

と書けるのは式(6.3)と同様である．ところでこの偏微分係数の意味を考えてみよう．ふつうの微分係数 $\frac{df}{dx}$ が，曲線 $f(x)$ のある点 x での曲線の傾きを表していることから，$\frac{\partial f}{\partial x}, \frac{\partial f}{\partial y}$ はそれぞれ曲面 $f(x,y)$ の x 方向の傾き，および y 方向の傾きを表していることは想像がつくだろう．ただ $\frac{\partial f}{\partial x}$ は y を一定値として得られた微分係数で，$\frac{\partial f}{\partial y}$ は x を一定値として得られた微分係数であることを考えに入れると，この偏微分係数を理解するのに次のような具体的な例を考えればわかりやすい．つまり x と y をそれぞれある基準の点から東方向と北方向に計った距離とする．ある山があって山の高さが x と y との関数で $f(x,y)$ と表されているとする．つまり基準から北にどれだけの距離，東にどれだけの距離離れたところと特定されれば，そこでの山の高さが決まっているとしよう．そのとき山道が東の方向に延びているとしよう．この坂道を上っても，南北方向には変化しない．つまり y は一定である．このときの坂のこう配が $\frac{\partial f}{\partial x}$ になる．同じようにして北に延びる坂道があれば，この道に沿って山を登るとき，この坂道のこう配が $\frac{\partial f}{\partial y}$ で表されるのはわかるだろう．

坂道がこの例のように，東あるいは北にむかって延びていない一般の場合は

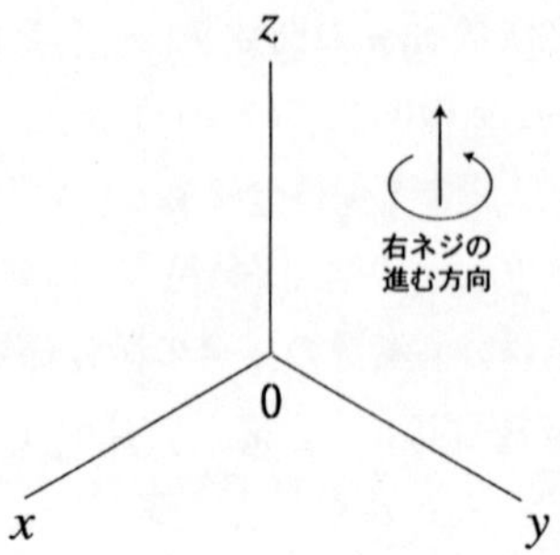

図 6.3 座標系

どうなるであろうか．これについては次節でベクトルの話と関連して説明する．

流体力学で出てくるような空間 3 次元の場合，関数 f は $f(x, y, z)$ と表される．このときそれぞれの偏微分係数の物理的な意味は直感的にはわかりにくいが，それぞれ，x, y, z 座標に沿った f の変化の割合だと考えればよい．

6.2 ベクトル解析の簡単な紹介

6.2.1 ベクトルの演算

流体力学で扱われる物理量のうち，密度や圧力，それに温度などは大きさだけをもつ．これらの量はスカラーといわれる．一方流れの速度や力などは大きさと方向をもち，このような量はベクトルと呼ばれる．ベクトルは太字で $\boldsymbol{a}$ と書いたり，矢印をつけて $\vec{a}$ と書いたりする．ここでは太字で表すことにする．

ベクトルの演算を考えるとき，座標軸を使ってベクトルを解析的に扱うのが便利がよい．空間に右手系の直交軸 Ox, Oy, Oz をとる．ふつうに使われているネジを z 軸方向にたて，x 軸から y 軸の方向にネジを回したとき，ネジの進む方向が z 軸の正の方向になる．

x 軸，y 軸，z 軸の正の向きに単位ベクトル（大きさが 1 のベクトル）をとりそれぞれ $\boldsymbol{i}, \boldsymbol{j}, \boldsymbol{k}$ で表し，これらを基本ベクトルと呼ぶ．一般のベクトル $\boldsymbol{A}$ は $\boldsymbol{A} = A_x\boldsymbol{i} + A_y\boldsymbol{j} + A_z\boldsymbol{k}$ と表すことができるだろう．ベクトル $\boldsymbol{A}$ に対し座標軸が与えられると A_x, A_y, A_z はただ一組だけ決まることも明らかである．これ

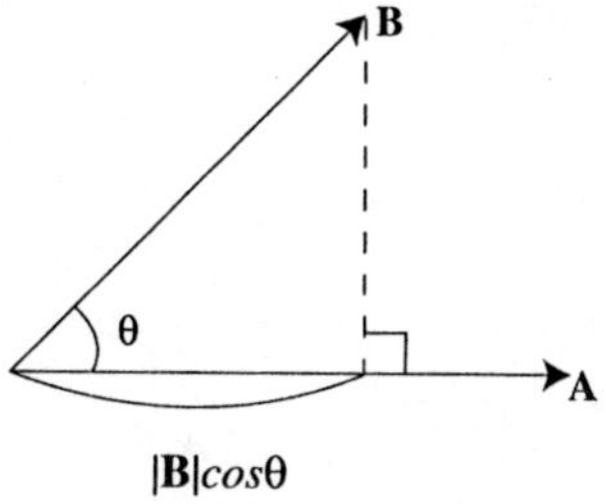

図 6.4 ベクトルの内積

をそれぞれ x 軸，y 軸，z 軸に関するベクトル $\boldsymbol{A}$ の成分といい，簡単にそれぞれ x 成分，y 成分，z 成分などともいう．またベクトル $\boldsymbol{A}$ は，x, y, z 方向のベクトル $A_x\boldsymbol{i}, A_y\boldsymbol{j}, A_z\boldsymbol{k}$ のベクトルの和であると考えてもよい．いま 2 つのベクトルを，それぞれ $\boldsymbol{A} = A_x\boldsymbol{i} + A_y\boldsymbol{j} + A_z\boldsymbol{k}$ および $\boldsymbol{B} = B_x\boldsymbol{i} + B_y\boldsymbol{j} + B_z\boldsymbol{k}$ と書くとベクトルの和は各成分ごとの和として

$$\boldsymbol{A} + \boldsymbol{B} = (A_x + B_x)\,\boldsymbol{i} + (A_y + B_y)\,\boldsymbol{j} + (A_z + B_z)\,\boldsymbol{k} \tag{6.5}$$

で計算することができる．

またベクトルの内積は

$$\boldsymbol{A} \cdot \boldsymbol{B} = |\boldsymbol{A}|\,|\boldsymbol{B}| \cos\ \theta \tag{6.6}$$

と定義される．ここで記号 $|\ \ |$ はベクトルの絶対値（大きさ）を表し，θ はベクトル $\boldsymbol{A}$ と $\boldsymbol{B}$ とのなす角である．この定義から 2 つのベクトルが直角に交わる場合，$\theta = \pi/2$ となり $\boldsymbol{A} \cdot \boldsymbol{B} = 0$ であることがわかる．このことから以下の結果が導かれる．

$$\begin{aligned} &\boldsymbol{i} \cdot \boldsymbol{i} = 1, \quad \boldsymbol{j} \cdot \boldsymbol{j} = 1, \quad \boldsymbol{k} \cdot \boldsymbol{k} = 1, \quad \boldsymbol{i} \cdot \boldsymbol{j} = \boldsymbol{j} \cdot \boldsymbol{i} = 0, \\ &\boldsymbol{i} \cdot \boldsymbol{k} = \boldsymbol{k} \cdot \boldsymbol{i} = 0, \quad \boldsymbol{j} \cdot \boldsymbol{k} = \boldsymbol{k} \cdot \boldsymbol{j} = 0 \end{aligned} \tag{6.7}$$

もとのベクトル $\boldsymbol{A}$ と $\boldsymbol{B}$ との内積はそれぞれの成分から

$$\boldsymbol{A} \cdot \boldsymbol{B} = (A_x\boldsymbol{i} + A_y\boldsymbol{j} + A_z\boldsymbol{k})\,(B_x\boldsymbol{i} + B_y\boldsymbol{j} + B_z\boldsymbol{k})$$

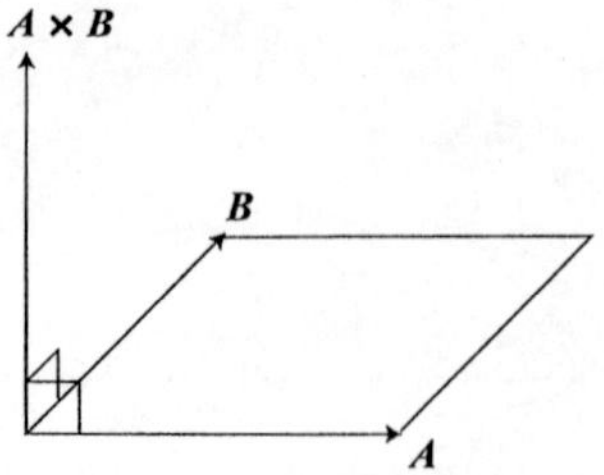

図 6.5 ベクトルの外積

$$
\begin{aligned}
&= A_x B_x \boldsymbol{i}\cdot\boldsymbol{i} + A_x B_y \boldsymbol{i}\cdot\boldsymbol{j} + A_x B_z \boldsymbol{i}\cdot\boldsymbol{k} \\
&\quad + A_y B_x \boldsymbol{j}\cdot\boldsymbol{i} + A_y B_y \boldsymbol{j}\cdot\boldsymbol{j} + A_y B_z \boldsymbol{j}\cdot\boldsymbol{k} \\
&\quad + A_z B_x \boldsymbol{k}\cdot\boldsymbol{i} + A_z B_y \boldsymbol{k}\cdot\boldsymbol{j} + A_z B_z \boldsymbol{k}\cdot\boldsymbol{k} \\
&= A_x B_x + A_y B_y + A_z B_z \qquad (6.8)
\end{aligned}
$$

となって，スカラーとなることがわかる．一方ベクトル積あるいは外積は

$$
\begin{aligned}
\boldsymbol{A}\times\boldsymbol{B} &= \begin{vmatrix} \boldsymbol{i} & \boldsymbol{j} & \boldsymbol{k} \\ A_x & A_y & A_z \\ B_x & B_y & B_z \end{vmatrix} \\
&= (A_y B_z - A_z B_y)\,\boldsymbol{i} + (A_z B_x - A_x B_z)\,\boldsymbol{j} \\
&\quad + (A_x B_y - A_y B_z)\,\boldsymbol{k} \qquad (6.9)
\end{aligned}
$$

と書けるが，これはやはりベクトルである．このベクトルの大きさは図 6.5 に示すように，ベクトル $\boldsymbol{A}$ と $\boldsymbol{B}$ とをその辺とする平行四辺形の面積であり，方向はベクトル $\boldsymbol{A}$ 方向からベクトル $\boldsymbol{B}$ 方向へ回転するとき，右ネジが進む方向と覚えればよい．

6.2.2 場 の 微 分

スカラー量およびベクトル量が空間 x, y, z 座標の関数で与えられているとき（流体の密度や速度などがその例），それらはそれぞれスカラー場，およびベクトル場であるという．このときそれらの量の空間的な変化をみるのに，空間に関する微分係数を考えることが必要である．ここで便利なのが次に示すナブラ演算子 ∇ で

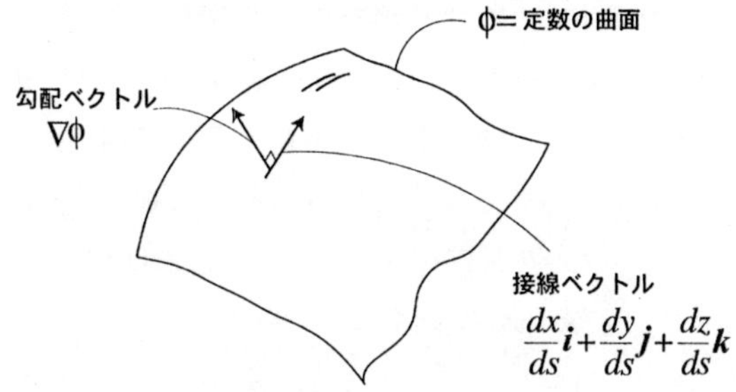

図 **6.6** スカラーのこう配

$$\nabla = \frac{\partial}{\partial x}\boldsymbol{i} + \frac{\partial}{\partial y}\boldsymbol{j} + \frac{\partial}{\partial z}\boldsymbol{k} \tag{6.10}$$

と表される．このナブラ演算子をスカラー場，たとえば $\phi(x,y,z)$ とスカラーの関数で表して，この ϕ の x,y,z に関する偏微分係数を成分とするベクトルを $\phi(x,y,z)$ のこう配と呼び

$$\nabla\phi = \frac{\partial\phi}{\partial x}\boldsymbol{i} + \frac{\partial\phi}{\partial y}\boldsymbol{j} + \frac{\partial\phi}{\partial z}\boldsymbol{k} \text{ あるいは } \operatorname{grad}\phi \tag{6.11}$$

と書く．

ここの議論は少し難しいが，この ϕ のこう配がどのようなベクトルであるかを考える際に，

$$\phi(x,y,z) = \text{定数} \tag{6.12}$$

という式が 3 次元の曲面を表していることを理解しよう．つまり 3 次元の空間で x と y を決めると，上の式から z が求まることになる．この際座標の原点はどこにとってもよい．x,y を次々に変えて z を求めていけば，3 次元の曲面が描ける．また上式の定数を変えれば別の曲面が描ける．曲面上の点 $\mathrm{P}(x,y,z)$ を通り曲面上に曲線を引く．この曲線は $x=x(s), y=y(s), z=z(s)$ と書ける．この曲線は s の値を与えると x,y,z の値が決まるので，s の値を変えることによって 3 次元の曲線が描けることになり，s はパラメータと呼ばれる．点 P において式 (6.12) を s で微分すると，関数 ϕ はこの曲面上で一定値をとるから

$$\frac{d\phi}{ds} = \frac{\partial\phi}{\partial x}\frac{dx}{ds} + \frac{\partial\phi}{\partial y}\frac{dy}{ds} + \frac{\partial\phi}{\partial z}\frac{dz}{ds} = 0 \tag{6.13}$$

が得られる．この式の意味は，関数 ϕ が x, y, z の関数であるが，それらはまた 1 変数 s の関数であり，s に関する ϕ の微分係数は，ϕ の x に関する（偏）微分係数に x の s に関する微分係数を掛けたもの，そして同様にして y および z に関する項を加えあわせたものとなるということである．

曲面上の点 (x, y, z) の位置座標を $\boldsymbol{r}$ とすると，$\boldsymbol{r}$ はベクトル関数であり $\boldsymbol{r}(x, y, z)$ と書けるが，一方成分で書くと

$$\boldsymbol{r} = x(s)\boldsymbol{i} + y(s)\boldsymbol{j} + z(s)\boldsymbol{k} \tag{6.14}$$

となる．曲面上の近接した 2 点を取り，その 2 点を近づけていくと

$$\begin{aligned}&\lim_{\Delta s \to 0} [x(s+\Delta s)\boldsymbol{i} + y(s+\Delta s)\boldsymbol{j} + z(s+\Delta s)\\&\quad - \{x(s)\boldsymbol{i} + y(s)\boldsymbol{j} + z(s)\boldsymbol{k}\}]\\&= \frac{dx}{ds}\boldsymbol{i} + \frac{dy}{ds}\boldsymbol{j} + \frac{dz}{ds}\boldsymbol{k}\end{aligned} \tag{6.15}$$

なるベクトルが得られる．このベクトルは図 6.6 からわかるように，(x, y, z) の点で曲面 $\phi(x, y, z) =$ 定数 に接するベクトル，つまり接線を表している．

そうすると式 (6.13) の意味は，左辺を ϕ のこう配 $\nabla\phi$ と ϕ の接線ベクトルとの内積であると考えると，右辺が 0 であるからその内積が 0 となって，2 つのベクトルは直交することを表している．接線ベクトルは曲面 $\phi(x, y, z) =$ 定数 の面に沿っているから，ϕ のこう配は曲面 $\phi(x, y, z) =$ 定数 に直交していることがわかる．

一方，式 (6.10) のナブラ演算子をベクトル場の関数 $\boldsymbol{A}(x, y, z)$ に作用させ，これをベクトル $\boldsymbol{A}$ の発散と呼んでいる．形式上内積で定義して，$\nabla \cdot \boldsymbol{A}$ あるいは div$\boldsymbol{A}$ と書く．

$$\begin{aligned}\nabla \cdot \boldsymbol{A} &= \left(\frac{\partial}{\partial x}\boldsymbol{i} + \frac{\partial}{\partial y}\boldsymbol{j} + \frac{\partial}{\partial z}\boldsymbol{k}\right)(A_x\boldsymbol{i} + A_y\boldsymbol{j} + A_z\boldsymbol{k})\\&= \frac{\partial A_x}{\partial x}\boldsymbol{i}\cdot\boldsymbol{i} + \frac{\partial A_y}{\partial x}\boldsymbol{i}\cdot\boldsymbol{j} + \frac{\partial A_z}{\partial x}\boldsymbol{i}\cdot k + \frac{\partial A_x}{\partial y}\boldsymbol{j}\cdot\boldsymbol{i} + \frac{\partial A_y}{\partial y}\boldsymbol{j}\cdot\boldsymbol{j}\\&\quad + \frac{\partial A_z}{\partial y}\boldsymbol{j}\cdot\boldsymbol{k} + \frac{\partial A_x}{\partial z}\boldsymbol{k}\cdot\boldsymbol{i} + \frac{\partial A_y}{\partial z}\boldsymbol{k}\cdot\boldsymbol{j} + \frac{\partial A_z}{\partial z}\boldsymbol{k}\cdot\boldsymbol{k}\\&= \frac{\partial A_x}{\partial x} + \frac{\partial A_y}{\partial y} + \frac{\partial A_z}{\partial z}\end{aligned} \tag{6.16}$$

となり，ベクトルの発散はスカラーであることがわかる．この発散の物理的な意味は次のように考えればよい．

本書の 2.4 節（2 次元表示であるが，本節では 3 次元で書く）の非圧縮性流体に対する，連続の式

$$\frac{\partial u}{\partial x}+\frac{\partial v}{\partial y}+\frac{\partial w}{\partial z}=0 \tag{6.17}$$

の左辺は，ちょうど速度ベクトル $\boldsymbol{u}$ の発散になっている．いま流れがすべて x 方向を向いているとしよう．そのとき $v=0, w=0$ とおけるので，結局発散は

$$\frac{\partial u}{\partial x}$$

となる．いま

$$\frac{\partial u}{\partial x}>0$$

とすると，速度 u は x の増加する方向に増加することになる．いま速度の y 成分，z 成分はともに 0 であるから，流線はすべて z 軸に平行である．そうすると仮に上流で断面積 S の流管を考えると，Δx だけ下流に下がった場所での同じ流管の断面積も S である．上流での流速を $u(x)$ とすると，Δx だけ下流での速度は $u(x+\Delta x)\approx u(x)+\frac{\partial u}{\partial x}\Delta x$ と表せるから，この流管の上流と下流との間の領域に入ってくる流量と出ていく流量の差から，この間で単位時間に $S\frac{\partial u}{\partial x}\Delta x$ だけ流量が増えることになる．$S\Delta x$ は，いま考えている領域の体積であるから，この体積を V と書くと単位時間の流量の増加は $\frac{\partial u}{\partial x}V$ となる．

同じようにして空間に $\Delta x\Delta y\Delta z$ の領域を考えると，流量は x, y, z 方向でこの領域においてそれぞれ

$$\frac{\partial u}{\partial x}\Delta x\Delta y\Delta z, \quad \frac{\partial v}{\partial y}\Delta x\Delta y\Delta z, \quad \frac{\partial w}{\partial z}\Delta x\Delta y\Delta z \tag{6.18}$$

だけ増加する．したがって合計 $\left(\frac{\partial u}{\partial x}+\frac{\partial v}{\partial y}+\frac{\partial w}{\partial z}\right)\Delta x\Delta y\Delta z$ だけの流量が増加することになる．つまりこれだけの体積が単位時間あたりに増加することになる．つまり $\nabla u>0$ のとき流量が増え，$\nabla u<0$ のとき流量が減る．

もう 1 つ重要なベクトル場の演算は，ナブラ記号をベクトル関数 $\boldsymbol{A}$ にベクトル積のように作用させるもので，ベクトル $\boldsymbol{A}$ の回転と呼び

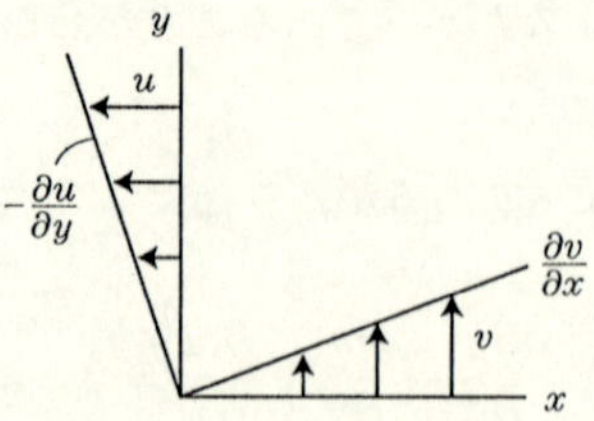

図 6.7 渦度ベクトルの成分

$$\nabla \times \boldsymbol{A} \quad \text{あるいは} \quad \mathrm{rot}\, \boldsymbol{u} \tag{6.19}$$

と書く．ベクトルの回転は

$$\begin{aligned}\nabla \times \boldsymbol{A} &= \begin{vmatrix} i & j & k \\ \frac{\partial}{\partial x} & \frac{\partial}{\partial y} & \frac{\partial}{\partial z} \\ A_x & A_y & A_z \end{vmatrix} \\ &= \left(\frac{\partial A_z}{\partial y} - \frac{\partial A_y}{\partial z}\right)\boldsymbol{i} + \left(\frac{\partial A_x}{\partial z} - \frac{\partial A_z}{\partial x}\right)\boldsymbol{j} \\ &\quad + \left(\frac{\partial A_y}{\partial x} - \frac{\partial A_z}{\partial y}\right)\boldsymbol{k}\end{aligned} \tag{6.20}$$

のように，ベクトルである．

このベクトルの意味を考えてみよう．やはり流体力学に例をとって，ベクトル $\boldsymbol{A}$ を，上でベクトルの発散を考えたときと同じように，速度ベクトル $\boldsymbol{u} = (u, v, w)$ におきかえると，本文で述べたように $\nabla \times \boldsymbol{u}$ は渦度 $\boldsymbol{\omega}\,(\omega_x, \omega_y, \omega_z)$ というベクトルである．いま $\nabla \times \boldsymbol{u}$ の z 成分のみを考える．つまり $\boldsymbol{k}$ の係数だけを考えるが，他の成分も意味は同じである．このとき

$$\nabla \times \boldsymbol{u} \text{ の } z \text{ 成分} = \left(\frac{\partial v}{\partial x} - \frac{\partial u}{\partial y}\right) \tag{6.21}$$

と表される．この式の右辺の意味を考える．右辺第 1 項は v が速度の y 方向成分であり，その成分の x に関する微分係数であるから，v の x 方向の変化率を表している．第 2 項は流速の x 成分 u の y 方向変化に負号をつけたもので，それぞれ図 6.7 に示されるような運動を表している．この 2 つが加え合わされた

ものは，実は流体の微小部分が剛体のように回転している様子を表している．この回転の大きさは渦度の半分の大きさ $\frac{1}{2}\omega_z$ である．

6.2.3　ベクトル方程式

いまベクトルで表された方程式を考える．たとえば

$$\boldsymbol{A} = \boldsymbol{B}$$

という方程式があるとする．左辺のベクトル $\boldsymbol{A}$ は上に述べたようなスカラーあるいはベクトルの空間微分でもよいし，ベクトルの時間微分でもよい．流体力学で現れるのは，上述したスカラーのこう配，あるいはベクトルの発散，回転以外に，速度ベクトル $\boldsymbol{u} = (u, v, w)$ の時間微分であるが，これは

$$\frac{\partial \boldsymbol{u}}{\partial t} = \frac{\partial u}{\partial t}\boldsymbol{i} + \frac{\partial v}{\partial t}\boldsymbol{j} + \frac{\partial w}{\partial t}\boldsymbol{k}$$

というベクトルである．右辺のベクトル $\boldsymbol{B}$ も同様である．上の等号で結ばれた方程式は，右辺と左辺との x, y, z それぞれの成分が，右辺と左辺とで互いに等しいということを意味している．つまりベクトルの式は，その成分ごとの，3 次元では 3 つ，2 次元では 2 つの独立した式を考えているということである．このことから，ベクトルの方程式においては，右辺のベクトルと左辺のベクトルが，大きさとともに方向も等しいということに注意する必要がある．

6.3　円柱座標系表示のナビエ・ストークス方程式

円管内流れなど**軸対称流れ**を調べるには，**円柱座標系**で記述したナビエ・ストークス (Navier-Stokes) 方程式を用いる方が便利である．円柱座標系は図 6.8 で示されるように，直交座標系の点 $(x, y, \tilde{z})$ を $\tilde{z}$ 軸からの半径 r，x 軸となす角度 θ，および $(x, y, 0)$ 平面からの高さ z で表したものである．記号 z と $\tilde{z}$ は同じものを用いてもよいが，混乱を避けるため直交座標系の z を $\tilde{z}$ とした．ナビエ・ストークス方程式を円柱座標系で表すと，

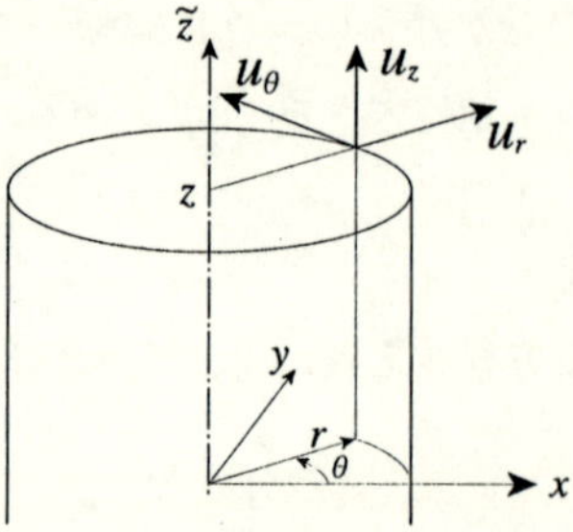

図 **6.8** 直交座標系と円柱座標系との関係

r 方向
$$\frac{\partial u_r}{\partial t}+u_r\frac{\partial u_r}{\partial r}+\frac{u_\theta}{r}\frac{\partial u_r}{\partial \theta}+u_z\frac{\partial u_r}{\partial z}-\frac{u_\theta^2}{r}$$
$$=-\frac{1}{\rho}\frac{\partial p}{\partial r}+\nu\left(\frac{\partial^2 u_r}{\partial r^2}+\frac{1}{r}\frac{\partial u_r}{\partial r}+\frac{1}{r^2}\frac{\partial^2 u_r}{\partial \theta^2}+\frac{\partial^2 u_r}{\partial z^2}-\frac{u_r}{r^2}-\frac{2}{r^2}\frac{\partial u_\theta}{\partial \theta}\right)+f_r \tag{6.22}$$

θ 方向
$$\frac{\partial u_\theta}{\partial t}+u_r\frac{\partial u_\theta}{\partial r}+\frac{u_\theta}{r}\frac{\partial u_\theta}{\partial \theta}+u_z\frac{\partial u_\theta}{\partial z}+\frac{u_r u_\theta}{r}$$
$$=-\frac{1}{\rho r}\frac{\partial p}{\partial \theta}+\nu\left(\frac{\partial^2 u_\theta}{\partial r^2}+\frac{1}{r}\frac{\partial u_\theta}{\partial r}+\frac{1}{r^2}\frac{\partial^2 u_\theta}{\partial \theta^2}+\frac{\partial^2 u_\theta}{\partial z^2}+\frac{2}{r^2}\frac{\partial u_r}{\partial \theta}-\frac{u_\theta}{r^2}\right)+f_\theta \tag{6.23}$$

z 方向
$$\frac{\partial u_z}{\partial t}+u_r\frac{\partial u_z}{\partial r}+\frac{u_\theta}{r}\frac{\partial u_z}{\partial \theta}+u_z\frac{\partial u_z}{\partial z}$$
$$=-\frac{1}{\rho}\frac{\partial p}{\partial z}+\nu\left(\frac{\partial^2 u_z}{\partial r^2}+\frac{1}{r}\frac{\partial u_z}{\partial r}+\frac{1}{r^2}\frac{\partial^2 u_z}{\partial \theta^2}+\frac{\partial^2 u_z}{\partial z^2}\right)+f_z \tag{6.24}$$

が得られる．連続の式は，

$$\frac{\partial u_r}{\partial r}+\frac{u_r}{r}+\frac{1}{r}\frac{\partial u_\theta}{\partial \theta}+\frac{\partial u_z}{\partial z}=0 \tag{6.25}$$

である．せん断応力の式も同じように得られるが，その代表的なものをいくつか示すと，

$$\tau_{r\theta} = \mu\left(r\frac{\partial}{\partial r}\left(\frac{u_\theta}{r}\right)\right), \quad \tau_{\theta z} = \mu\frac{\partial u_\theta}{\partial z}, \quad \tau_{rz} = \mu\left(\frac{\partial u_r}{\partial z} + \frac{\partial u_z}{\partial r}\right) \tag{6.26}$$

などがあげられる.

6.4 空気と水の諸量

表 6.1 標準状態 $\left(288\,\mathrm{K}(15^\circ\mathrm{C}), 101.3\,\mathrm{kPa}(1\text{ 気圧})\right)$ でのかわいた空気

等圧比熱	$c_p = 1.01 \times 10^3$ J/kg · K
等積比熱	$c_v = 0.718 \times 10^3$ J/kg · K
比熱比	$r = c_p/c_v = 1.401$
圧縮率（等温）	0.987×10^{-2} 1/kPa
熱膨張率	3.48×10^{-3} K
音速	340.6 m/s

表 6.2 101.3 kPa における水の性質

温度 (°C)	密度 $\rho\,(\mathrm{kg/m^3})$	動粘度 $\nu\,(\mathrm{mm^2/s})$	体積弾性係数 K (kPa)
0	999.8	1.792	1.98×10^6
5	1000.0	1.520	2.05×10^6
10	999.7	1.307	2.10×10^6
15	999.1	1.139	2.15×10^6
20	998.2	1.004	2.17×10^6
25	997.1	0.893	2.22×10^6
30	995.7	0.801	2.25×10^6
40	992.2	0.658	2.28×10^6
50	988.1	0.554	2.29×10^6
60	983.2	0.475	2.28×10^6
70	977.8	0.413	2.25×10^6
80	971.8	0.365	2.20×10^6
90	965.3	0.326	2.14×10^6
100	958.4	0.295	2.07×10^6

文　　　献

1)　東　昭，“航空工学 (I) ―航空流体力学―”，裳華房 (1989).
2)　今井　功，“流体力学 前編”，裳華房 (1974).
3)　大橋秀雄，“流体力学 (1)”，コロナ社 (1982).
4)　大橋秀雄，“流体機械 改訂版”，森北出版 (1987).
5)　神部　勉編，“流体力学”，裳華房 (1995).
6)　神部　勉，P.G. ドレイジン，“流体力学　安定性と乱流”，東京大学出版会 (1998).
7)　金原寿郎，“基礎物理学 上巻”，裳華房 (1963).
8)　技術資料，“管路・ダクトの流体抵抗”，日本機械学会 (1979).
9)　木田重雄，“いまさら流体力学？”，丸善 (1994).
10)　木田重雄，柳瀬眞一郎，“乱流力学”，朝倉書店 (1999).
11)　木村雄吉，蔦原道久，“ゴルフボールの空力特性”，神戸大学工学部機械工学科 (1984).
12)　白倉昌明，大橋秀雄，“流体力学 (2)”，コロナ社 (1969).
13)　E.A. ジャクソン（田中ほか訳），“非線形力学の展望 1”，共立出版 (1991).
14)　巽　友正，“流体力学”，培風館 (1998).
15)　種子田定俊，“画像から学ぶ流体力学”，朝倉書店 (1988).
16)　H. テネケス，J.L. ラムレイ（藤原・荒川訳），“乱流入門”，東海大学出版会 (1998).
17)　中村育雄，大坂英雄，“工科系流体力学”，共立出版 (1985).
18)　中村育雄，“流体解析ハンドブック”，共立出版 (1998).
19)　G.K. バチェラー（橋本ほか訳），“入門 流体力学”，東京電機大学出版局 (1967).
20)　日野幹雄，“流体力学”，朝倉書店 (1992).
21)　藤本武助，“流体力学”，養賢堂 (1970).
22)　松信八十男，“変形と流れの力学”，朝倉書店 (1981).
23)　宮井善弘，木田輝彦，仲谷仁志，“水力学”，森北出版 (1983).
24)　村山　堯，“航空工学概説”，日刊工業新聞社 (1974).
25)　A.S. モニン，A.M. イアログラム（山田・中野訳），“統計流体力学 1 － 4”，文一総合出版 (1975).
26)　吉田文二，“船の科学　箱舟から水中翼船まで”，講談社 (1976).
27)　G.I.Barenblatt,“ Scaling, Self-similarity, and Intermediate Asymptotics”, Cambridge Univ. Press(1996).
28)　M.H.Holmes,“Introduction to Perturbation Methods”, Springer(1995).
29)　H.Schlichting and K.Gersten,“Boundary-Layer Theory”, Springer(2000).
30)　S.Sugiyama, T.Hayashi and K.Yamazaki, Flow characteristics in the curved rectangular channels (visualization of secondary flow). *Bulletin of the JSME*, Vol.26, No.216,(1983)964–969.

演習問題の略解

第 2 章の略解

2.1 $\rho gh + p = \rho' gh + p_\infty$．水銀の液面差は $(\rho' - \rho)/(\gamma\rho' - \rho)\, h$.

2.2 $\partial T/\partial t + u\partial T/\partial x + v\partial T/\partial y$．定常な場合，温度分布は時間的に変化しない．

2.3 原点から噴出する放射状の流れ．加速度は $\alpha_x = -x/(x^2+y^2)^2$, $\alpha_y = -y/(x^2+y^2)^2$.

2.4 単位時間あたりの体積の減少は，出口から流出する体積流量に等しい．$z(t) = \left(\sqrt{z(0)} - \frac{S\sqrt{2g}}{2\pi a^2}t\right)^2$.

2.5 単位時間あたりの運動量保存の式は，$(\rho Q_1 u - \rho Q_2 u)\cos\theta - \rho Qu = F_x$，$(\rho Q_1 u - \rho Q_2 u)\sin\theta = F_y$ となる．平板の法線方向の力は，$\rho Qu\sin\theta$ となる．

第 3 章の略解

3.1 (a): 2 つの渦糸の中心まわりに周速度 $\frac{\Gamma}{2\pi h}$ で回転する．(b)：2 つの渦糸が水平方向に平行に移動する．移動速度は $\frac{\Gamma}{2\pi h}$ である．

3.2 抗力 $= \frac{4}{3}\rho\pi a^3\frac{dU}{dt}$.

3.3 $f(z) = U\left(\zeta\exp(-i\alpha) + \frac{d^2}{\zeta}\exp(i\alpha)\right) - \frac{i\Gamma}{2\pi}\log\zeta$，$d = \frac{1}{2}(a+b)$, $c = (a^2-b^2)^{1/2}$.

3.4 $\Gamma = -4\pi d\sin\alpha$.

第 4 章の略解

4.1 $u = -\frac{1}{2\mu}\frac{dp}{dx}(h^2-y^2) + \frac{U}{2h}(y+h)$．右辺第 1 項および第 2 項は，ボアズイユ流れおよびクエット流れをそれぞれ表す．

4.2 $u = -\frac{1}{4\mu}\frac{dp}{dx}\left\{(a_2^2-a_1^2)\frac{\log r/a_1}{\log a_2/a_1} - (r^2-a_1^2)\right\}$.

4.3 次元行列は $rank = 3$ なので，μ, U, a を独立変数にとると，$D/\mu Ua = \Pi$：無次元定数．この推進力の議論は，長さのスケールだけでなく質量と時間のスケールも考慮する必要があるので誤り．

4.4 $\varepsilon = 0$ の場合，境界条件として $u(\infty) = 1$ を採用すると，$u \equiv 1$ となる．$\varepsilon \neq 0$ の場合は，$u = 1 - e^{-y/\varepsilon}$．$\varepsilon \to 0$ ならば原点を除いて 1 に収束．境界層方程式の粘性項の係数 $1/R_e(\ll 1)$ に対比して考えよ．

4.5 たとえば，数式処理ソフト Mathematica では $sol = NDSolve[\{2* u'''[y] + u[y] * u''[y] == 0,\ u[0] == 0, u'[0] == 0, u''[0] == 0.33206\}, u, \{y, 0, 8\}]$ ， $Plot[Evaluate[u'[y]/. sol], \{y, 0, 8\}]$ で試みる．

第 5 章の略解

5.4 図 A に示すように，川の湾曲部においても図 5.19 と同様な 2 次流れが断面内に発生する（ただし，図 5.19 の右半分のみ）．そのため，川底付近の内側方向へ向かう流体が外側付近の土砂を内側へ運び，それを内側へ堆積させる．

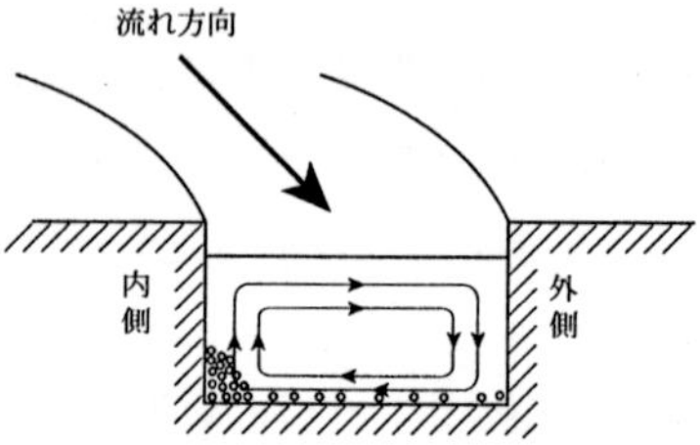

図 A　川の中の 2 次流れ

5.5 問題 5.4 と同様にコップの断面内に 2 次流れが発生し，溶解しない砂糖はこの矢印の方向に移動する（図 B）．回転速度が遅くなると，中央付近の砂糖は上昇することができなくなり，コップの中央付近に沈殿する．

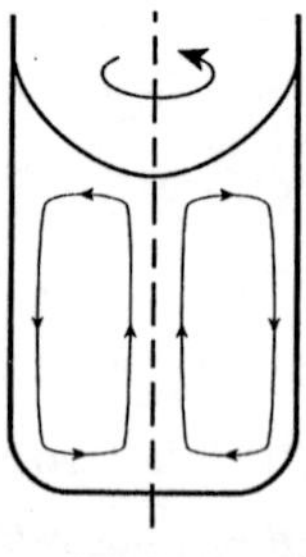

図 B　コップ内の 2 次流れ

索　　引

タ 行

ナ 行

ハ 行

マ　行

ヤ　行

ラ　行

ワ　行

著者略歴

蔦原道久（つたはらみちひさ）

1947年　大阪府に生まれる
1971年　京都大学工学部卒業
現　在　神戸大学大学院自然科学研究科教授
　　　　Ph.D（ミシガン大学）

杉山司郎（すぎやましろう）

1941年　山口県に生まれる
1971年　大阪工業大学大学院工学研究科修士課程修了
現　在　大阪工業大学工学部助教授
　　　　工学博士

山本正明（やまもとまさあき）

1949年　長崎県に生まれる
1981年　九州大学大学院工学研究科博士課程単位取得退学
現　在　大阪工業大学工学部助教授
　　　　工学博士

木田輝彦（きだてるひこ）

1941年　大阪府に生まれる
1963年　大阪府立大学工学部卒業
現　在　大阪府立大学名誉教授
　　　　工学博士

機械工学入門シリーズ 3

流体の力学　　　定価はカバーに表示

2001年9月25日　初版第1刷
2008年2月25日　　　第5刷

著　者　蔦　原　道　久
　　　　杉　山　司　郎
　　　　山　本　正　明
　　　　木　田　輝　彦
発行者　朝　倉　邦　造
発行所　株式会社　朝　倉　書　店

東京都新宿区新小川町6-29
郵便番号　162-8707
電話　03(3260)0141
FAX　03(3260)0180
http://www.asakura.co.jp

〈検印省略〉

三美印刷・渡辺製本

ISBN 978-4-254-23743-6　C 3353

Printed in Japan